코걸음쟁이의
생김새와 생활상

Copyright © 2006 by Elsevier GmbH.
ISBN : 9783827418401
Translated Edition ISBN : 9788955266375
Publication Date in Korea : 2011. 1. 10.
Translation Copyright © 2011 by Elsevier Korea L.L.C
All Rights Reserved.
No part of this publication may be reproduced, stored in a retrieval system,
or transmitted in any form or by any means, electronic, mechanical,
photocopying, recording or otherwise, without prior permission of the
publisher.
Translated by Book's Hill Publishers Co., Inc.
Printed in Korea

코걸음쟁이의
생김새와 생활상

하랄트 슈튐프케 지음 | **박자양** 옮김

북스힐

책 머리에

  1945년 7월 16일, 미합중국 뉴멕시코의 알라모골드 사막에 위치한 실험기지에서 인류 최초의 원폭실험이 진행됐다. 당시만 해도 그 폐해는 전혀 예측 불가능한 것이었으며 세간의 화젯거리도 아니었듯, 그 엄청난 빛과 열, 특히나 감마방사선의 영향 역시도 너무나도 과소평가되었다. 이후로 수차례에 걸쳐 철저히 비밀리에 진행된 원폭실험들로 인해 환경적 대재앙은 야기됐고, 이 같은 대재앙은 또 다시 반복하여 과소평가되는 전철을 되밟으며 마침내는 완전히 인간의 기억 저편으로 잊혀지고 말았다. 이 같은 시대적 상황 속에서 계속된 원폭실험으로 인해 남태평양에 위치한 한 군도가 통째로 가라앉고 만다는 이 소설 같은 이야기가 시작된다. 이는 인류에게는 더할 나위 없이 소중한 자연유산의 손실과 연계됨을 재삼 강조하는 분위기가 줄거리 전편에 흐른다.

  1945년 이후부터 현재까지 1963년 조인된 '핵실험금지조약(Nuclear Test-Ban Treaty)' 및 1996년 체결된 '포괄적핵실험금지조약(CTBT)'과는 별개로 1800여 건이 넘는 핵실험이 비밀리에 또는 공개적으로 감행됐으며, 이는 우리의 현실과 연관하여 적지 않은 생각을 낳게 하는 대목이기도 하다. 또한, 인도양의 도서국가 몰디브와 남태평양 중서부의 산호섬 나라 투발루 등이 해수면 상승으로 수몰위기에 처해 온 국민이 환경난민으로의 전락위기를 맞은 이들 섬나라의 기막힌 소식들 –

인간이 지구온난화의 직간접적인 원인 제공자로 거론되나 이 대목은 물론 이견이 분분하다 – 역시 대중매체를 통해 자주 접하게 되는 것이 요즈막 현실이다.

　핵과 해수면 상승은, 얼핏 연관 짓기 쉽지 않으나, 그 사이에 '인간'을 끼워 넣으면 그리 어렵지 않게 연결고리가 만들어진다. 해수면 상승에 따른 수몰과 지각장력의 발생으로 인한 도서침강은 분명 다른 경로를 거쳐 일어난 자연현상이나, 이 두 가지 모두에 인간이 깊이 관여하고 있고 우리는 이들 현상 모두를 '재난'이라 일컫는다는 사실만으로도 그 연결고리는 더더욱 선명해진다. 이것이 출간된 지 반세기가 지나도록 꾸준히 독자의 관심을 받고 있는 이 소책자를 소개하고자 하는 이유 중 하나이다.

　저자 게롤프 슈타이너(Gerolf Steiner)는 1908년 3월 22일 독일의 슈트라스부르크(Strassburg)에서 출생하여, 뮌헨과 하이델베르크 대학(Univ. Heidelberg)에서 동물학을 전공한 후, 곧이어 하이델베르크와 칼스루에(Univ. Karlsruhe)의 대학연구소에서 일했다. 1942년부터는 다름슈타트 공대(Univ. Darmstadt)에서, 1947년부터는 에리히 폰 홀스트 교수(Prof. Dr. Erich von Holst)로부터 연구교수 자리를 위촉받아 다시 하이델베르크 대학의 동물학 연구소에 재직했다. 1962년 이후부터 1972년 정년퇴임할 때까지 슈타이너 교수는 칼스루에 공대(Technische Hochschule Karlsruhe)에서 자신의 개별 연구팀(Geruchsphysiologie, chemische Sinn bei Insekten)을 조직할 수 있는 동물학 정교수직(Lehrstuhlinhaber)을 역임하며 평생 학자로서의 삶을 살아왔다. 참고로 슈타이너 교수가 저술한 몇몇 전공 관련 서적으로는, 《Wort-elemente der wichtigsten zoologischen Fachausdrücke》(1947), 《Das zoologische Laboratorium》(1963), 《Zoomorphologie in Umrissen》(1977), 《Tierzeichnungen in Kürzeln》(1984, 2006), 《Zeichnen – des Menschen andere Sprache》(1986), 《Wir sind zu viele – was tun?》(1992) 등이 있다.

　　슈타이너 교수의 이력을 따라가 보면 다름슈타트 대학 재직 시절에 닿은 인연들과의 만남으로부터 태동된 작은 발상을 배경 삼아 하이델베르크 대학의 재직 기간 동안 이 책을 저술했다. 제2차 세계대전이 막바지로 치닫고 있을 무렵 하루 24시간 중 단 한 시간의 자유로운 외출만이 허용된 상황이었다. 그래서 매 끼니를 걱정해야 할 정도로 당시 독일 시민의 일상은 연합군의 극단적인 통제를 받고 있었다. 그처럼 숨 막히는 현실 속에서 슈타이너 교수는 한 제자로부터 정성어린 보살핌을 받게 되고, 훗날 그 제자에게 진심을 담아 보답할 방법을 찾던 그는 자신의 타고난 재능을 이용해 그림 하나를 그려내게 된다. 이 그림이 바로 유명한 독일 시인 크리스티안 모르겐슈테른(Christian Morgenstern)의 시에 등장하는 나조벰(Nasobem)을 처음으로 형상화한 것이었다. 슈타이너 교수는 지인들과의 인간적 교류에 힘입어 숨 막히듯 건조한 시절을 무사히 지나왔고, 이들과의 만남 가운데 이 그림과 연관된 이야기의 창작이 거론된다. 이후 지인들과의 지속적인 교유(交遊)를 통한 의견교환 과정을 거치면서 그림이 그려지게 된 본래의 동기와는 별개로 상황은 진전됐고 마침내 이 책이 탄생되기에 이른다.

　　전화(戰禍)로 암울했던 시절 슈타이너 교수가 접했던 모르겐슈테른의 시 "나조벰"은 특히나 "후각생리학(Geruchsphysiologie)"을 전공한 생물학자인 그에게는 아마도 동화적(童話的) 감흥을 동반한 예술적 영감(靈感)을 불러일으키게 된 동기로 작용했을 것이다. 또한 시화(詩畵)에 뛰어난 재능을 지닌 슈타이너 교수에겐 그림이라는 익숙한 표현방식을 빌어 이를 형상화하는 일이 그리 낯설지만은 않았을 것이다. 또 핵의 등장과 세계대전 등 당시의 격동적이고 혼란스러운 정치사회적 배경을 감안해 볼 때, 모르겐슈테른의 시가 젊은 생물학자 슈타이너 교수의 눈에 띄게 된 것 역시 결코 우연한 일은 아니었을 것이다.

'나즈링에(Naslinge)' 또는 '나조베메(Nasobeme)'라 불렸던 이 가상의 동물군은 고도의 예술성이 요구되는 그림들과 함께 형태학적, 계통분류학적 및 생태학적 내용들이 모범적인 간결한 문체로 소개되고 있다. 이는 20세기 중반 독일 동물학계의 높은 위상을 반영한 것이라 볼 수 있다. '나조벰(Nasobem)'은 라틴어 어원을 가진 '코'를 의미하는 'nasus'와 고대그리스어로 '걷다'란 의미를 가진 'Bema'의 합성어로서, 즉 '코로 걷는 짐승'이란 뜻을 가진다. 책의 제목 가운데 언급된 '리노그라덴치아(Rhinogradentia)' 역시 'Nasobem'과 마찬가지로, '코'를 의미하는 고대그리스어인 'rhinós'와 '걸음'이란 뜻을 가진 라틴어 어원의 'gradus'가 합성되어 만들어진 단어로서, 적절한 어미 변형을 거쳐 특정 동물군을 지칭하는 학명(學名)으로 만들어진 것이다. 말하자면, 'Nasobem'은 모르겐슈테른이 창안한 시어(詩語)로서, 또 'Rhinogradentia'는 슈타이너 교수가 이 가상의 동물집단을 위해 만든 학명으로서 같은 의미를 지닌 동의어로 이해할 수 있다. 또한, 본문에 등장하는 모르겐슈테른나조벰(Morgenstern-Nasobem), *Nasobema lyricum*, 호나타타(Hónatata) 등은 이야기 내용의 특성 즉, 나조벰의 존재 배경이나 학문적인 내용이 다루어질 때, 이 동물의 신비한 행동양태를 설명할 때 등 다양하게 변용되어 쓰이고 있으나 모두 같은 동물을 일컫는 이름들이다.

이 작품은 한 마디로 옛 독일 시인의 시구에 등장한 소재를 바탕으로 슈타이너 교수의 탁월한 상상력이 빚어낸 이야기로서, 그의 탄탄한 동물학적 지식이 그 저변을 이루고 있다. 더욱이 슈타이너 교수가 원저자란 사실을 알아내기까지 적지 않은 시간을 소모하도록, 이 책에서는 하랄트 슈튐프케(Harald Stümpke)라는 가상의 저자를 내세워 이야기가 전개된다. 제각각 높은 강도로 희화된 이름들을 지닌 모든 등장인물과 생물종 및 그들의 서식, 활동무대에 해당하는 지역, 장소들을 객관적으로 기술하며 마치 보고서를 작성하는 듯한 형식을 빌린 일종의 가상

소설이라 할 수 있다. 각각의 분류군에 관한 슈타이너 교수의 기술방식을 보면 해부학적 및 동물행동학적 부분묘사를 매우 세부적으로 해당 동물들에 관한 설명과 함께 병행하고 있다. 그는 이 같은 방식을 사용하여 비교적 쉽게 이해할 수 있도록 내용을 구성하고 있으며, 덕분에 동물학 전공자들뿐만 아니라 남녀노소를 불문한 일반 독자들에게도 자연스레 특별한 인상을 남긴다. 따라서 이 책은 전공자들에게는 유용한 교재로서의 역할을 함과 동시에, 일반인들 역시 부담 없이 읽을 만한 책이라 생각된다. 왜냐하면 약 120여 쪽 정도의 부담스럽지 않은 분량으로 가상의 동물을 소재로 한 인상적인 그림들이 곁들여져 있기 때문이다. 또한 뛰어난 유머감각을 바탕으로 등장인물을 위시한 모든 동물명 및 지역명이 슈타이너 교수의 창작물이며, 더구나 대개의 독자들이 – 처음엔 역자 역시도 그러했다 – 의심의 여지없이 실재하는 것으로 받아들이는 참고문헌 목록의 자료들까지도 대개가 허구란 사실이 그저 놀라울 뿐이다. 인류의 미래를 염려하며 냉철하나 따뜻한 감성의 희화적 필치로 대자연의 무한한 잠재력을 가공해 탄생된 작품이니만큼 애정 어린 호기심을 갖고 상상의 나래를 펼쳐 마주하시기 바란다.

역자 박자양

| 차례 |

책 머리에 • 4
들어가는 글 • 11
일반적인 특징 • 18
각 무리별 기술 • 29
    외코쟁이류 (Monorrhina) • 29
        일반원시코쟁이류 (Archirrhiniformes) • 29
        물렁코쟁이류 (Asclerorrhina) • 31
            느림보코쟁이류 (Epigeonasida) • 31
            진흙코쟁이류 (Hypogeonasida) • 42
            땅코쟁이류 (Georrhinida) • 49
        다리코쟁이류 (Sclerorrhina) • 60
            뛰엄코쟁이류 (Hopsorrhinida) • 60
    여러코쟁이류 (Polyrrhina) • 79
        네코쟁이류 (Tetrarrhinida) • 79
        여섯코쟁이류 (Hexarrhinida) • 91
        긴주둥이코쟁이류 (Dolichoproata) • 104

작품후기 • 112
참고문헌 • 114
부록–코걸음쟁이의 계통 분류 체계 • 117
찾아보기 • 122

| 일러두기 | • • • • • • • • • • • • • • • •

1. 이 책은 슈타이너 교수(Prof. Dr. Gerolf Steiner)가 저술한 "Bau und Leben der Rhinogradentia"의 최신판인 2006년판의 완역본이며 1972년판은 참조되었다.

2. 번역의 원칙은 원문에 충실한 직역을 위주로 하였으며, 번역과정 중 가능한 한 원저자의 의도가 존중된 어감을 살렸다. 의미가 다소 불분명한 부분에 대한 독자의 이해를 돕고 자연스러움을 살리기 위해 경우에 따라서는 심사숙고한 객관적 의역을 곁들였다.

3. 가독성 및 내용의 올바른 이해 증진을 위해 원어표기방식과 부가설명 등은 역자에 의한 각주(숫자 **1**)를 원저자의 각주(숫자 **1**)와 병행하여 주석으로 달았다.

4. 원문에서 굳이 번역할 필요가 없는 것은 그대로 두었다. 예컨대 종명으로서의 학명 등은 그대로 두었고 원문에 학명과 함께 별칭이 병기되어 있는 경우에만 번역명을 표기했다. 그리고 종 상위 분류균에 해당하는 각각의 동물군명은 해당 동물군의 특성을 쉽게 파악할 수 있도록 한글이름으로 번역하였으며, 그에 해당 학명은 괄호 안에 병기하되 분류균 범주에 있어 속(genus, 屬)의 지위에 해당하는 경우는 이탤릭체로 표기했다. 또한 학명으로 표기된 각각의 신체부위에 해당하는 해부학 명칭들 역시 원어표기방식을 그대로 두었다. 이들 명칭의 한글 번역들은 아직도 한문을 바탕으로 한 일본어식 표기방식을 벗어나지 못하고 있는 실정이며, 따라서 이 같은 방식의 어색한 번역명 표기는 의미전달에 있어 직접적인 원어표기에 비해 이점이 없기 때문이다.
등장인물과 생물체 및 지역의 이름은 우리말 발음에 가장 가깝도록 한글로 표기한 후 역자에 의한 각주에 원명을 표기했다.

5. 인명, 지명 및 그와 연관된 용어 등을 정리한 '원어명 국어표기'와 '코걸음쟁이의 계통분류체계'를 부록으로 첨부하였다.

들어가는 글

　동물분류학 범주 가운데 하나인 목[1]의 지위를 부여받은 코쟁이류는 이처럼 매우 희귀하게 생긴 동물이 근세에 들어서서 그제야 발견되었다는 사실만으로도 포유강(哺乳綱)[2] 내에서 특별한 위치를 차지한다. 이 동물들이 뒤늦게 학계에 알려진 것은 태평양 전쟁과 관련된 아주 우연한 기회를 통해서였다. 1941년까지도 발견되지 않았던 이들의 원서식지인 남태평양 군도 하이아이아이가 그제야 비로소 문명화된 유럽인에게 최초의 방문을 허용했던 탓이다. 하지만 이들 코쟁이류에게서는 포유류뿐만 아니라 여타 척추동물들에서는 찾아볼 수 없는 그들만의 신체구조와 행동양태 및 생태적 유형 등이 연이어 발견됨에 따라 매우 특기할 만한 중요성을 얻게 된다.

　이 군도는 일본군 포로수용소를 탈출해 하이다다이피섬에 표류했던 스웨덴사람 아이나 페터손-스캄트비스트(EINAR PETTERSSON-SKÄMTKVIST)가 발견한 것으로 추정된다. 다른 수많은 남태평양 섬들과는 달리 화산에 그 형성기원을 두고 있지 않은 이 섬에는 1752 m 상

1　**동물분류학상의 범주** : 계(系)-문(門)-강(綱)-목(目)-과(科)-속(屬)-종(種)
2　**포유강** : '포유류' 또는 '젖먹이동물' 이라고도 함.

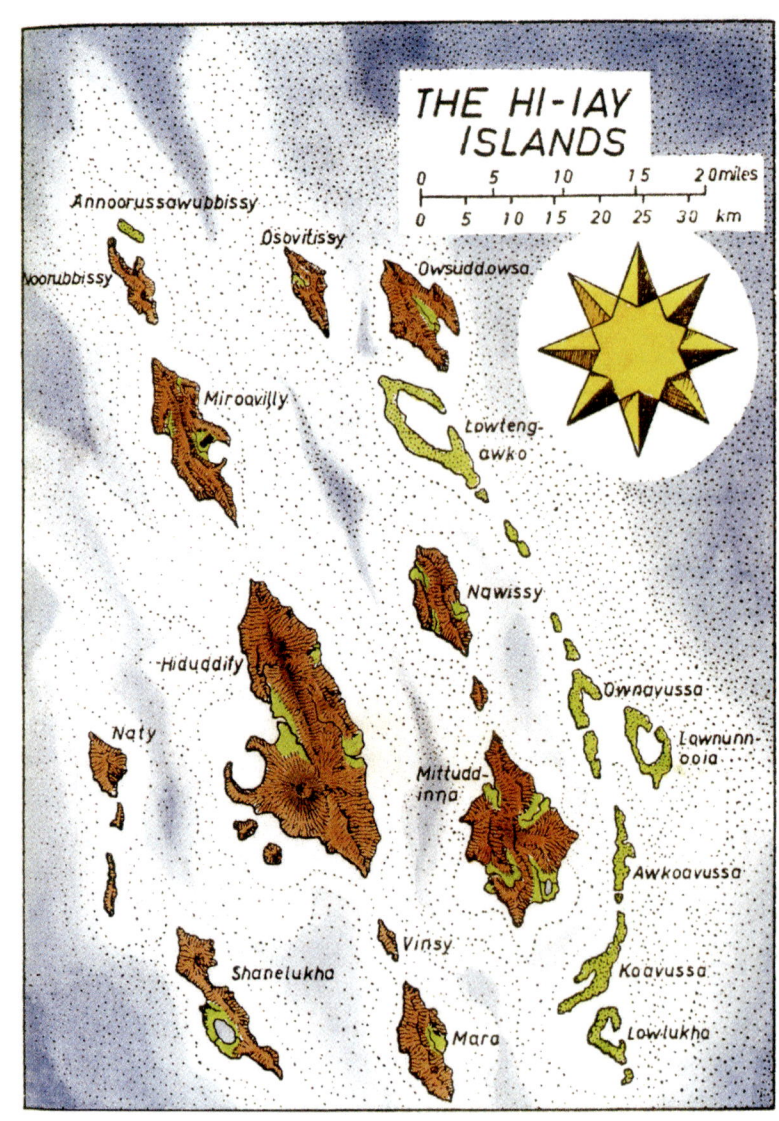

〈삽화 1〉 하이아이아이 군도

당의 높이를 자랑하는 활화산 콧소보우시(Kotsobowsy)가 존재한다. 남북으로 32 km, 동서로 16 km에 달하는 규모의 이 섬은 주로 석회암과 변성암으로 구성되어 있으며, 2330 m의 쇼분눈다(Showunnoonda)라는 쌍으로 된 봉우리가 정상을 이루고 있다.

    섬의 기후는 중부와 동부의 섬들에서처럼 거의 일정하다. 식생 파악이 전혀 이루어지지 않은 그곳의 열대 식물상은 지구 전역에 걸쳐 서식하는 식물 속들 외에도 원시적 특성을 지닌 고유종 유형[3](Psilotales[4]와 유사한 Maierales, Lepidodendrales[5]로 간주되는 *Neolepidodendron*[6] 속, 마찬가지로 Ranunculaceae[7]와 유사한 것으로 판단되며 일련의 거대한 원시림 교목의 숲을 형성하는 Schultzeales 등 다수)들의 분포를 보여준다. 하이다다이피가 속한 하이아이아이 군도는 따라서 지질학적 및 고고학적 증거물(거의 모두가 고생대 퇴적층이다. Die Einordnung der Miliolidensande des oberen Horizontes D 16 von Mairúvili von Ezio Sputalave)들이 말해주듯, 매우 오랜 역사를 지니고 있음이 분명하다. 이 군도는 늦어도 후기 백악기에 나머지 대륙으로부터 완전히 유리되었을 것이다. 그럼에도 불구하고 총면적이 1690 m²남짓밖에 되지 않는 이 작은 군도에 형성된 자체의 고유생물계 규모는 뉴질랜드와는 달리 분리 이전의 대륙에서보다도 훨씬 방대하다. 따라서 이 군도는 자체가 상당한 크기를 지닌 대륙의 일부분이었을 것으로 추정된다.

    1941년 스캠트비스트가 섬에 도착했을 당시 마주쳤던 원주민들은

---

3   **고유의, ~종**(species) ; **~유형**(form) : 특정 지역에만 분포하는 생물종을 말하며, 대개 섬 등지에 한정되어 멸종위험이 높다.
4   Psilotales : 솔잎난목(目)
5   Lepidodendrales : 인목(鱗木目)
6   *Neolepidodendron* : 신인목속(新鱗木屬)
7   Ranunculaceae : 미나리아재비목(目)

스스로를 후아카-핫치라 불렀다. 이후로 그들 원주민은 모두 절멸(絶滅)하고 말았는데, 스캠트비스트는 그들을 폴리네시안-유럽계통의 인류였을 것으로 추측했다. 그들을 발견했던 유럽인들이 감기를 옮긴 탓에 불과 몇 달 만에 원주민 아이들 모두가 치명타를 입은 것이 결정적 원인이 되어 연구대상으로서 그들의 언어는 영원히 자취를 감추고 말았다. 그들의 문화유물로는 몇몇 목재로 만들어진 물건들이 발굴됐을 뿐이다(DEUTERICH 1944, COMBINATORE 1943). 후아카-핫치 원주민에게 무기라는 것은 존재하지 않았으며, 이들 평화로운 부족은 그들을 에워싸고 있는 풍요로운 자연으로부터 양식을 충당했다. 잉여출산은 없었으며, 고대로부터 22명의 족장이 약 700여 명 정도의 부족민을 다스려 왔다. 이 정도가 스캠트비스트가 파악했던 것의 전부였다. 이 의미 있는 관찰로 하여 학계가 얻어낸 만족할 만한 부수적 소득이라면, 동일 시점에 인간이 공존했었음에도 불구하고 이 군도의 독특한 생물계가 유지되고 있었다는 사실이다. 더구나 집중적인 사냥으로 인해 거의 모든 육상동물들이 빠른 속도로 멸종위기를 맞이했을 수도 있음을 가정해볼 때 이는 더욱더 놀라운 일이 아닐 수 없다.

코쟁이류는 그들의 원서식지가 알려지지 않았음에도 불구하고 이미 언급된 적이 있었다. 다름 아닌 시인 크리스티안 모르겐슈테른[8]이 50여 년 전 이미 그의 유명한 시를 통해 코쟁이류의 존재를 명백하게 알리고 있다.

코로 걷는	Auf seinen Nasen schreitet
나조벰이 있다네,	einher das Nasobem,[1]
새끼를 데리고.	von seinem Kind begleitet.
브렘에도 없고.	Es steht noch nicht im Brehm.[9]
마이어에도 없고.	Es steht noch nicht im Meyer.[10]
브록하우스에도 역시 찾아볼 수 없지만.	Und auch im Brockhaus[11] nicht.

그는 나의 라이어 선율 안에서	Es trat aus meiner Leyer[12]
처음으로 모습을 드러냈다네.	zum erstenmal ans Licht.
코로 걸어가고 있네	Auf seinen Nasen schreitet
줄곧(전에 이야기했듯이),	(wie schon gesagt) seitdem,
새끼를 데리고 가는,	von seinem Kind begleitet,
나조벰이 있다네.	einher das Nasobem.

    심지어 시운을 빌어 코쟁이류의 독특한 거동방식을 표현해 내고 있는 이 간단명료한 묘사는 바로 *Nasobema lyricum*[2] (원주민어로 호나타타, Hónatata)에게 정확하게 맞아떨어진다. 때문에 모르겐슈테른이 코쟁이류의 표본을 수중에 넣었었거나 혹은 그에 관한 상세한 정보를 틀림없이 가지고 있었을 것이란 짐작밖에는 달리 생각할 여지가 없다. 블레드쿠프(BLEEDKOOP, Das Nasobemproblem 1945)는 다음의 두 가지 가능성을 제시하고 있다. 1893년부터 1897년까지 모르겐슈테른이 단기간 하이아이아이에 머물렀었거나, 또는 그가 어떤 우연한 기회를 통해 *Nasobema lyricum*의 가죽을 얻었을 것이란 말이다. 하지만 모르

---

1 **nasus l.** = 코
    Bêma gr. = 걷다.
2 **lyricus gr.** = 시 짓기에 마땅한, 칠현금타기에 어울리는

8 **크리스티안 모르겐슈테른** : 독일 시인(1871-1914). 《Galgenlieder》, 《Psalmström》과 같은 공상적 시집과, 《Einkehr, Epigramme und Sprüche》 등의 작품이 유명하다.
9 **브렘** : 《Brehm's Tierleben》, 독일의 고전적 동물학보고서. 전 13권으로 초판(1863년)과 4판(1918년)이 있다.
10 **마이어** : 《Meyers Lexikon》, 독일의 대백과사전. 과학 기술에 역점을 두었다. 약 10만 항목, 삽화 700장, 지도 500장 정도가 수록되어 있다.
11 **브록하우스** : 《Brockhaus-Lexikon》, 독일의 대백과사전. 소항목 위주로 간결하게 설명하였으며 쉽게 이해할 수 있도록 표, 삽화, 약호 따위를 많이 넣었다.
12 **라이어** : 고대 그리스의 현악기, 수금(竪琴) 또는 칠현금(七絃琴)이라고도 한다.

겐슈테른이 열대지역을 여행했었는지에 대해서는 알려진 바가 없는데, 그렇다면 그가 어떻게 가죽을 수중에 넣게 되었을까? — 지금은 작고했지만 모르겐슈테른과 절친했던 캐테쮤러(KÄTHE ZÜLLER) 부인의 구두 설명에 의하면, 1894년 어느 날 저녁 모르겐슈테른이 몹시 흥분한 채 집으로 돌아와서는 "하이아이아이-하이아이아이!"라고 내내 혼자 중얼거렸다고 했다. 그러고는 곧 이 엉뚱한 시를 지어내서는 그의 남동생에게도 보여주었다고 한다.

이 같은 정황을 바탕으로 블레드쿠프는 모르겐슈테른이 한 지인을 통해 하이아이아이에 관한 정보를 얻었을 것으로 결론지었다. 물론, 그가 호나타타를 실제로 손에 넣은 것인지, 혹은 지인의 설명만을 바탕으로 시적(詩的) 영감을 동원하여 이 독특한 동물의 윤곽을 그려낸 것인지는 알 길이 없다. "그는 나의 라이어 선율 안에서 통해 처음으로 모습을 드러냈다네"라는 시구를 들여다보면 그가 호나타타를 본 것이 아니라 오로지 설명을 통해 알게 된 것뿐이라고 추정할 수 있을지도 모르겠다. 혹은 이 원시적인 생명체가 서식하는 섬을 탐욕스런 유럽인들로부터 감추어 두기 위해, 그러니까 분명 일종의 위장술로서 이 시구(詩句)를 삽입한 것은 아닐까? 우리는 이 사실을 정확히 모를뿐더러, 당시 모르겐슈테른이 누구로부터 하이아이아이와 그 섬의 동물상에 관한 정보를 얻게 되었는지 또한 알 길이 없다. 이 점에 있어서는 모르겐슈테른과 오랫동안 편지 왕래가 있었으나 이른 나이에 사망한 무역선장, 알프레히트 옌스 미스포트(ALBRECHT JENS MIESPOTT)라는 인물에 대해 생각해볼 여지가 있다. 미스포트는 1894년 길고도 예사롭지 않았던 여행에서 돌아온 후, 함부르크에서 정신착란으로 사망했다. 아마도 그가 하이아이아이의 비밀을 알고 있었으며 그것을 무덤까지 가져갔던 바로 그 인물이었을지 모른다. 블레드쿠프의 연구는 대략 이 정도까지다.

슈틀리비쯔키예(I. I. SCHUTLIWITZKIJ)는 주목할 만한 한 연구논문에서 같은 문제를 다루고 있다. 그는 블레드쿠프와 거의 같은 결론에 이르고 있긴 하나, 1894년에서 1896년 사이에 모르겐슈테른이 미스포트의 유산으로 받은 살아 있는 호나타타 한 마리를 잎담배 상자에 여러 주 동안 가둬 두었던 일이 가능했을 것으로 여긴다는 점에서는 블레드쿠프와 의견을 달리하고 있다. 그러나 이 연구보고 역시도 반박의 여지는 있다. 이 밖에도, 호나타타가 상당한 덩치를 가졌었다는 이유로 해서 단순히 유대류(有袋類)[13]의 어린 개체로 간주했었을 수도 있다. 다만 확실한 것은, "Los selectos hediondos de desecho"라는 상표가 부착된 잎담배 상자가 매우 거대했었다는 점이다.

13 **유대류**(Marsupialia): 포유강에 속하는 상목(上目)의 지위를 가진 분류군으로, 2개의 자궁을 가지고 있으며 새끼는 미숙한 상태로 낳아 육아낭(marsupium) 속에서 양육한다.

일반적인 특징

포유동물의 특정한 목으로 간주되며 저명한 학자 브로멍뜨 드 뷔율라(BROMEANTE DE BURLAS, 이후로는 브로멍뜨로 표기함)가 이 분류군의 연구 전문가로 자리매김하고 있는 코쟁이류는 이미 이름이 말해주듯이, 공통적으로 코의 유별난 생김새로써 특징지어진다. 코는 하나거나 또는 여러 개가 있을 수 있다. 후자에 해당하는 현상은 척추동물 계통선상에서는 유일한 것이다. 해부학적 연구를 통해 밝혀진 사실은(여기서 우리는 브로멍뜨의 토론결과를 따른다), 여러코쟁이류(多鼻類)[14]에서는 코의 원기(原基)[15]가 초기 배발생 단계에서 이미 나뉘고, 이 나

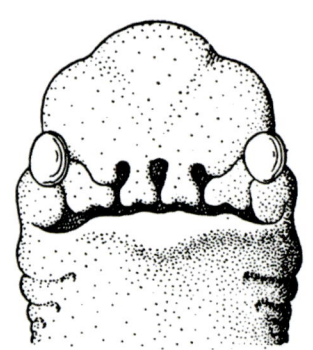

〈그림 1〉 Nasobema lyricum.
다비열현상(多鼻裂現狀)[17]을 보여주기 위해 묘사된 어린 배아의 머리.
(STULTÉN 1949에 의거)

누어진 곳으로부터 자라나는 각각의 코의 원기는 단비열적(單鼻裂的)[16]
으로 발달된다는, 즉 각각 하나씩의 완전한 코로 형성된다는 것이다(그
림 1).

    전반적인 두부(頭剖)형성계획에 있어 다양하고도 원천적인 변형은
이른 시기에 나타나는 다비열화(多鼻裂化)[18]와 함께 동시에 진행된다.
안면근육계(顔面筋肉系)에 기원을 두고 그로부터 파생된 독특한 근육은
(N. facialis와 이것의 가지신경으로서, 이 부위에서 특히 두드러지게 발
달된 N. nasuloambulacralis[3]에 의한 신경분포지배를 받음) 비근계(鼻筋
系)[19]형성에 가담한다. 더욱이 어떤 무리에서는(Hopsorrhinida[4] 또는
Nasenhopfe[20]) 두개골 위를 지나 앞쪽으로 연장되어 발달한 M. longis-
simus dorsi를 이용해 코에 주어지는 힘의 확산이 강화되기도 한다.

    부비강(副鼻腔)[21]과 해면체(海綿體)는 계속하여 변형이 진행되고
부분적으로는 기능변화까지를 동반하는 부피성장을 하게 된다. 예를 들

3   **nasulus l.** = 작은 코
       ambulare l. = 변하다.
4   **hopsos gr.** = 도약, 뛰엄(Massilia의 CHRYSÓSTOMOS에게서만 알려진 단어로,
       이 단어는 아마도 서게르만어족에 기원을 두고 있을 것이다).
       rhis, rhinós gr. = 코
14   **여러코쟁이류** : 아목(亞目, suborder)의 지위를 가지며, 여러 개의 코를 가진 코걸
       음쟁이.
15   **코의 원기** : 코로 자라날 맹아가 자리한 지점.
16   **단비열적** : 코가 하나인
17   **다비열현상** : 여러 개의 코를 갖는 특성 또는 현상.
18   **다비열화** : 여러 개의 코가 형성됨 또는 그 기작.
19   **비근계** : 코의 근육체계를 통칭한다.
20   **Nasenhopfe** : '뛰엄코쟁이류'는 계통분류학적으로 아족(亞族, Subtribe)의 지
       위를 가진 'Hopsorrhinida'를 지칭하는 독일어로, 일반명사화된 표현이다.
21   **부비강** : 비강에 이어져 있고 주위의 골 속에서 볼 수 있는 공기가 들어있는 공간.

어, 거의 대부분의 발달된 유형들에서 누관은 외기도의 기능을 맡기도 한다. 이러한 특성에 관해서는 각각의 종을 다루는 각론에서 상세히 살펴볼 것이다.

원시코쟁이(*Archirrhinos*)를 제외한 코걸음쟁이류에서는 나자리움[5] (*Nasarium*)을 이동수단으로 사용함에 따라 기존의 다리들은 그 본래의 기능을 상실했다. 그에 걸맞게 뒷다리는 대부분 다소 퇴화되었으며, 앞다리는 먹이를 움켜쥐거나 털 고르기에 적합하도록 변형되었다. 나팔코쟁이(*Rhinostentor*)들에게서는 앞발이 소용돌이를 일으켜 먹이를 걸러내는 도구로 함께 활용되고 있다.

코쟁이류의 일반적인 모습에서 이들 쌍을 이루는 부속지는 다소 퇴화된 데 반해, 꼬리가 두드러진 역할을 맡게 되는데 그 구성에 있어 매우 다양하고도 별난 유형들이 발달되어 있다. 그들 중에는 감긴 꼬리나 올가미 모양을 한 꼬리가 있을 뿐만 아니라, 다리코쟁이류(*Sclerorrhina*[6])에서의 꼬리를 보면 원시적인 유형에서는 뜀박질용으로, 진보된 유형에서는 움켜쥐는 데 편리한 기관으로도 사용된다(60~62, 73, 75쪽).

코쟁이류의 몸은 대부분 솜털과 강모의 차이를 구별할 수 없을 정도로 매우 균일한 모양의 털로 덮여 있다. 이는 군도의 기후조건과 연관되어 있을 뿐만 아니라, 브로멍뜨의 견해에 따르면 원시적 특징으로 간주되기도 한다. 털의 유형에 따른 보편적인 구별방식 또한 이를 뒷받침하고 있다. 어떤 속의 경우는 파충류 비늘의 특성을 지닌 매우 억센 각질비늘(유린목(有鱗目)[22]에서와 유사한)을 갖기도 한다. 이들의 털 색깔은 때로는 매우 화려하기도 하다. 무엇보다 털의 빼어난 광택은 자랑거리가 되기도 하는데, 이는 특이한 털표피층의 구조가 뒷받침되어야 가능한 일이다. 털이 없는 맨가죽 부위는 — 손, 발, 꼬리, 귀, 머리의 볏, 특히 코 — 유난히 화려한 색을 띠고 있다.

광조대의 모래 속에 서식하며 땅을 파고 사는 습성을 가진 매우 작은 종들과 마찬가지로 물에 사는 몇몇 종들은 완전히 벌거숭이 형태를 하고 있으며, 기생형 종 역시 마찬가지다(44쪽).

섭식형태는 각 과별로, 심지어는 같은 과 또는 같은 속 내에서도 매우 다양하다. 그래도 수생 뾰족뒤쥐[7] 단 한 종을 제외하고는 코쟁이류가 군도에 서식하는 유일한 포유류이며 이에 따라 모든 생태적 지위(生態的 地位)[23]를 장악할 수 있었음을 고려해보면, 위와 같은 현상은 그리 놀랄 만한 일이 아니다. 대체로 몸집이 작은 코걸음쟁이들은 곤충을 잡아먹고 산다. 그러나 개중에는 주로 열매를 먹고사는 초식성 부류와 사냥을 하는 육식성 부류의 속 역시 존재한다. 유별나게 특성화된 형태로는 민물에 사는 플랑크톤섭식자[24]뿐만 아니라 땅을 파는 습성을 지닌 유형들을 들 수 있는데, 이들 중에는 우리에게 알려진 척추동물 가운데 가장 작은 동물이 존재하고 있다. 뛰엄코쟁이류 가운데 소형갑각류를 먹이로 하는 종들은 의심의 여지없이 식충동물로부터 기원한다. 공생의

5 **Nasarium l.** = 브로멩뜨의 견해에 따르면, 나자리움을 형성하고 있는 각각의 구성체의 기원은 감안하지 않은 채 그저 rhinalen Ambulacrum(각개의 코, 또는 여러 개의 코가 합체되어 형성된 보행체계)의 총체를 나자리움으로 표기했다. 이후로 '나자리움'은 원래의 형태적 개념과는 무관한 기능적인 의미로 통용된다. 그간에 이미 교과서 등에 소개되었으므로 고쳐 쓰는 등의 불필요한 작업은 생략하기로 하고, 여기에선 이후로도 계속 이 용어가 사용될 것이다.

6 **Sklerós** = 단단한

7 *Limnogaloides mairuviliensis* **B. d. B. (Mairuvilische Sumpfspitzmaus ;** 마이루빌리 섬 늪지뾰족뒤쥐)는 매우 원시적인 형태의 식충동물이다. 이들이 전형적인 뾰족뒤쥐에 속하는가 하는 것은 최근 들어 논란이 되고 있다. 그 때문에 이전의 이름인 *Limnosorex mairuviliensis*는 쓰이지 않는다. 치열과 잘 발달된 광대활(觀骨弓), 그리고 매우 작은 전뇌(前腦)와 꼬리 전반에 걸쳐 나타나고 있는 척추 간 근육형성은 특히나 원시적인 것으로 간주된다.

22 **유린목(Pholidota) :** 뱀과 도마뱀을 포함하는 파충강의 한 목이다.

23 **생태적 지위 :** 자연환경에서 생물이 차지하는 물리적 공간 또는 여러 물리적 환경(온도, 습도, pH, 토양 등)의 구배에 있어 그 생물의 위치, 즉 군집 내 생물의 기능적, 영양단계적 위치를 말한다.

24 **플랑크톤섭식자 :** 부유생물을 걸러 주 먹이원으로 삼아 살아가는 생물을 지칭한다.

특이한 경우에 관해서는 분류학 편에서 다루기로 한다(41~42쪽, 63~64쪽).

특히 주목할 만한 것은 코쟁이류 가운데는 비행 능력을 가진 속(단일 종으로 구성됨)이 하나 있는데, 이들은 다시 고착형과 기생형으로 분리되어 존재한다는 사실이다. 이 동물의 생활방식과 조직, 그리고 서식지의 다양한 분할 등을 고려할 때, 종수의 규모가 상대적으로 광범위하다는 사실은 그리 놀라운 일이 아니다. 이와 같은 맥락에서 꿀꼬랑지속(*Dulcicauda*[8])에서의 아종(亞種)[25] 형성에 관한 제스터(J. O. JESTER)와 아스후글(S. P. ASSFUGL)의 괄목할 만한 연구는 지질학적 관심을 모으고 있다. 이들은 군도를 이루는 각개의 섬들이 육지와의 연계기간에 있어 서로 다양한 시간격차가 분명 존재했었을 것임을 지적하면서, 바로 그 육지로부터의 분리시점을 추정할 수 있었다(W. LUDWIG 1954). 비록 평균해수면 밑으로 사라져버려 그 층상에 합당한 화석증거가 없기 때문에 고생물학적으로 해결할 수 없다는 커다란 공백이 도처에 도사리고 있기는 해도, 이 시료들에 관한 아종의 규모와 그의 진화에 관한 연구(B. RENSCH 1947)는 매우 유망하다.

일반적으로 코쟁이류의 번식은 사망률 역시 저조하다는 사실을 짐작케 할 정도로 그리 왕성한 것은 아니다. 지금까지 알려진 바에 의하면, 생리적 다배현상(多胚現狀)[26]을 보이는 뛰엄코쟁이류를 제외하고는 언제나 한 마리의 새끼만 태어난다. 물론 임신한 암컷은 일 년 내내 찾아볼 수 있다. 임신 기간은 — 마찬가지로 뛰엄코쟁이류는 예외이며 — 평균 7달 정도로 길다. 단비성(單鼻性) 부류의 어린 개체들은 젖을 먹일 필요가 없을 정도로 다 자란 채 태어난다. 이와 같은 사실은 코쟁이류에게는 유선이 흔적만 남아 있거나, 기둥코쟁이속(*Columnifax*[9])처럼 수유호르몬과는 무관하게 젖분비가 이루어지는 등의 현상과 맥을 같이 한다. 독립적으로 살아가기에 아직 미흡한 상태의 어린 개체를 출산하는 다비성(多鼻性) 속들에게는 젖꼭지가 쌍으로 발달되어 있으며 대개 겨드랑

이선상에 위치한다. 대부분의 경우 이 같은 종들에서는 육아낭도 발달되어 있는데, 이 육아낭은 목 주변의 피부주름으로 만들어진 것이며 후두(後頭)로부터 발달된 죔쇠 모양의 연골구조물에 의해 지탱된다.

코걸음쟁이들은 천적이 없다. 이들 섬 내부에서는 이미 언급한 바 있는 온혈동물인 늪지뾰족뒤쥐(*Limnogaloides*)를 제외하고는 소리관새속(*Hypsiboas*[10])에 속하는 새들(Aves)만이 있을 뿐이다. 이들은 보통 지저귀는 새 크기 정도이며, 매우 다양한 생물권을 차지하고 있다. 부횡(BOUFFON)과 슈프리마르쉬(SCHPRIMARSCH)에 의하면 그들은 바다제비의 후손이며, 바다제비과(Hydrobatidae)에 근사(近似)한 유형으로부터 갈라져 나온 것으로 여겨진다. 파충류는 서식하지 않는다.

양서류 중에는 하나뿐인 매우 원시적인 종(*Urobombinator submersus*[11])이 서식하는데, 이 종의 거대한 유생은 후아카 — 핫치 부족이 치르는 의식 중에 식용으로 사용되기도 한다. 동작이 느린 나조베마(*Nasobema*)종들에게 있어 천적은 동일 계통으로부터 파생되어 티라

8   **dulcis l.** = 달콤한
    cauda l. = 꼬리
9   **columna l.** = 기둥
    fax l. = ~을 이루는, 만드는
10 **hypsibóas gr.** = 꿩음 검둥수리(아테네풍의 hypsibóes를 뜻하는 고대 그리스 중부 지방의 도리스식 표현)
11 **ũros gr.** = 꼬리
    bombina l. = 두꺼비
    submersus l. = 잠긴, 가라앉은, 가려진
25 **아종** : 종의 하위 분류군 범주로 품종(品種)으로 지칭되기도 한다.
26 **다배현상** : 하나의 난자로부터 또는 배아가 쪼개짐에 따라 여러 개의 배아가 형성되는 것(빈치류의 아르마딜로; 나비, 파리나 잠자리 따위의 애벌레나 번데기에 기생하는 맵시벌 ; 인간의 일란성 쌍둥이 등).

노코쟁이속(*Tyrannonasus*[12])의 육식성 코걸음쟁이류로 발달해 왔다. 그렇긴 하나, 이 티라노코쟁이속은 몇몇 섬에만 국한되어 서식한다. 그래도 몇몇 작은 섬에서는 특정 계절에만 번식하는 바다새들이 이따금씩 코걸음쟁이들을 사냥하곤 한다. 때문에 '꿀꼬랑지'나 '기둥코쟁이'처럼 해변에 사는 종들은 바다새의 공격에 대항하여 독을 쓸 수 있는 기관을 사용하거나 먹이로서의 불쾌감을 조장함으로써 스스로를 방어하기도 한다. 그러나 일반적으로 매우 날쌘 동물인 이들 뛰엄코쟁이들이 앞서 언급한 바다새들에게 포획당하는 일은 거의 없다.

이즈음에서 이제 하이아이아이 군도의 동물상만이 지닌 특성에 한번 주목해 볼까 한다. 이곳에 서식하는 곤충들은 매우 원시적인 형태를 대규모로 지니고 있다. 이 바퀴벌레와 유사한 종들은 현존하는 많은 수의 다양한 아목들로 등장하는데, 이들은 대개 바퀴벌레로 간주할 수 있다. 이와 함께 몇몇 발달된 곤충들, 무엇보다 벌류(膜翅類)가 서식하는 데 반해, 나비류(鱗翅類)는 완전히 자취를 감췄다. 따라서 꽃의 수분은 부분적으로 벌-외형적으로 호박벌 비슷한 모양을 지녔으며, 자일로코파(*Xylocopa*)와 근연한 유사호박벌종[27]들임-이나, 날도래 또는 바퀴벌레 등에 의해 이루어진다. 개미는 전혀 서식하지 않는다. 특이한 곤충으로는 Paläodictyoptera로부터 파생된 육시류(상목인 Hexapteroidea[13]에 속하는 Hexaptera)를 들 수 있는데, 이들의 유생은 육상에 서식한다. 개방된 서식지에서 살아가는 대부분의 동물들은 아주 적은 수의 종들에 이르기까지 소위 밀림지역은 선호하지 않는데, 큰 섬들에서의 밀림지대는 산의 경사면을 아우르는 위치까지 발달되어 있다. 또한 하이아이아이 군도의 큰 섬들은 각각의 섬에만 서식하는 고유종을 보유하고 있는 특징이 있는 반면, 작은 섬들에서는 이 같은 원시적인 유형은 찾아볼 수가 없다. 이는 작은 섬들이 새로 형성된 산호섬들이라는 점과, 혹은 섬이 너무 작아 잘 날지 못하는 생물들에게 충분한 바람막이 역할을 제공해주지 못해 섬이 가라앉으면서 서식면적이 감소하게 되자 그 섬에 서식하던 고유종들이 멸종해버린 것 등의 이유를 들어 납득이 가능할 수도 있다.

코쟁이류의 체계적인 분류를 위해서는 다음과 같은 사항들을 고려해야 한다.

유일하게 아직도 네발로 뛰어다니는 종(*Archirrhinos* = 원시코쟁이속)의 존재가 증명하듯, 코쟁이류는 원시적인 식충동물에 그 기원을 두고 있음이 분명하다. 이 같은 맥락에서 마이루빌리섬에서의 늪지뾰족뒤쥐의 서식은 중요한 의미를 가지며, 의심의 여지없이 식충동물에 속하는 것으로 간주되는 동물이 원시코쟁이속과 많은 특징들을 공유한다는 사실은 이들 두 종이 공동의 조상으로부터 유래했을 것이라는 추정을 배제할 수 없게 만든다.

일반적으로 코쟁이류의 분류학적 구분은 주로 나자리움 형성 정도에 따라 정해진다. 브로멍뜨가 제안한 〈그림 2〉의 계통수는 동시에 분류학적인 구분체계를 보여주고 있다(BROMEANTE DE BURLAS 1950). 이에 따라 그는 발로 걷는 외코쟁이류(Monorrhina[28] pedestria[29], 원시코쟁이종만이 유일하게 존재함), 코로 움직이는 외코쟁이류(Monorrhina nasestria[30], 물렁코쟁이류 = Asclerorrhina와 다리코쟁이류 = Sclerorrhina, 그리고 여러코쟁이류(Polyrrhina, 짧은주둥이코쟁이류 = Brachyproata와 긴주둥이코쟁이류 = Dolichoproata 등을 주된 부류로 구분했다. 대부분의 속은 이 틀에 맞추어 정리하는 데 어려움이 없으나, 두더지

12 **Tyrannen-Nase** : '전제군주 혹은 폭군의 코'를 나타낸다. 포악성 또는 무자비함의 뜻을 내포한다.
13 날개가 여섯인 곤충류.

27 **유사호박벌속(屬)** : 벌목(Apoidea)에 속하는 속인 호박벌(*Bombus*)을 모델로 한 가상의 곤충 분류군으로서 "유사호박벌"로 지칭하기로 한다.
28 **Monorrhina** : 외코쟁이류(單鼻類), 한 개의 코를 가진 코걸음쟁이 부류.
29 **Pedestria** : 발걸음코쟁이절, 발로 걷는다는 의미를 함축한다.
30 **Nasestria** : 코걸음코쟁이절, 발걸음코쟁이절의 자매분류군(Adelphotaxon).

코쟁이류(Rhinotalpiformes)들이 진흙코쟁이류(Hypogeonasida[14])와 함께 같은 무리에 속하는 것인지, 아니면 2차적으로 부드러운 나자리움을 갖는 다리코쟁이류로부터 파생된 것으로 간주할 수 있는지에 대해서는 아직 분명치 않다.

14개에 달하는 과는 총 189종을 포함하고 있는데, 이것은 군도에서 그리 멀지 않은 곳에 아직 알려지지 않은 또 다른 어떤 종이 생존할 가능성에 대한 논의는 물론 배제시킨 결과다. 최근 들어 놀랍게도 방금 언급

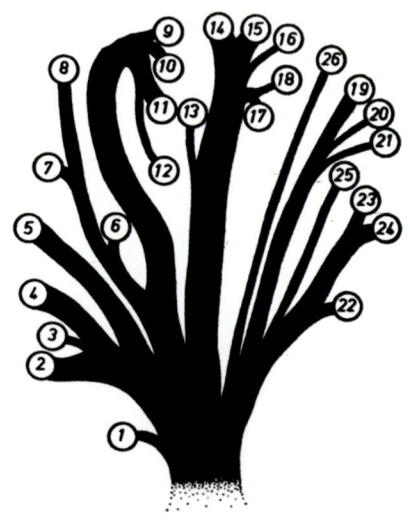

〈그림 2〉 속 준위에서 작성된 코걸음쟁이(Rhinogradentia)의 계통수 사례: 브로멍뜨의 계통수를 기초로 하여 변형하되, 슈툴텐(STULTÉN)의 몇 가지 지적사항을 적용했다.

① Archirrhinos　② Nasolimaceus　③ Emunctator　④ Dulcicauda
⑤ Columnifax　⑥ Rhinotaenia　⑦ Rhinosiphonia　⑧ Rhinostentor
⑨ Rhinotalpa　⑩ Enterorrhinus　⑪ Holorrhinus　⑫ Remanonasus
⑬ Phyllohoppla　⑭ Hopsorrhinus　⑮ Mercatorrhinus　⑯ Otopteryx
⑰ Orchidiopsis　⑱ Liliopsis　⑲ Nasobema　⑳ Stella
㉑ Tyrannonasus　㉒ Eledonopsis　㉓ Hexanthus　㉔ Cephalanthus
㉕ Mammontops　㉖ Rhinochilopus

가지의 두께는 각각의 속에 속하는 종수의 상대적인 규모를 나타낸다. 보통은 각개의 속으로 간주되는 Dulcicauda와 Dulcidauca는 여기서는 Dulcicauda로 통합하여 표기했다(각 속의 한글명은 부록을 참조).

한 무리인 두더지코쟁이류에 속하는 새로운 종들이 발견된 것을 보면 이들은 더 많은 수가 될 것으로 기대된다. 지리적 격리에 의한 자매종 (vicarious species)[31]들에게 있어 이들을 어떠한 경우에 진정한 아종, 즉 유전적으로 다양한 개체군으로 간주할 것이며, 어느 정도까지를 단순한 지역적 변종[32]으로 여길 것인가와 같은 의문점 등이 해명되어야 하는 몇몇 분류학적 난제들이 아직은 남아 있다.

본래 원서식지였던 샤우아눈다(Schauanunda)에서만 살던 다발털코쟁이(*Mammontops*[15] ; Zottelnase)들의 경우는 해군 항만청에 의해 샤나루카(Shanalukha)에 있는 실험기지 내 공원에서 사육되자 표현형질에 있어 뛰어난 변형능력을 보인 바 있다. 그러나 유전학적 연구는 이 동물의 까다로운 사육조건(22쪽)으로 인해 지금까지도 실패만 거듭됐다. 이 점에 있어서도 이빨뛰엄코쟁이속(*Hopsorrhinus*)만이 다시 예외에 해당된다. 다발털코쟁이들과는 대조적으로 이빨뛰엄코쟁이속은 유전실험에 적합한 동물로, 아무리 근연한 관계에 놓여 있더라도 서로 다른 섬에 서식하는 도서유형(島嶼類型)들은 각기 독립적인 진정한 종들임이 실험을 통해 밝혀졌다. 단지, 미타디나(Mitadina) 섬에 서식하는 황금코뛰엄코쟁이(*Hopsorrhinus aureus*)와 하이다다이피섬에 서식하는 피케

---

14 **hypó gr.** = 아래의, 못 미치는
 gea gr. = 땅
15 **mámonta,** 러시아어, 고대시베리아어로부터 수용됨 = 맘모스. 'Mammonta'라는 표기가 완전한 것은 아니나, 명명법 규칙을 바르게 따른 표기이긴 하다.
 -ōps gr. = 얼굴. 도판에는 1952~56년에 승인된 표기방식을 적용했다.
31 **지리적 격리에 의한 자매종** : 지리적 아종 또는, 광역 서식종. 같은 공간에서의 서식이 전제될 경우 동물학에서는 아종으로 간주하기도 한다(conspecific vicariants = subspecies).
32 **지역적 변종** : 일정 공간에서의 서식이 전제된 변종(變種) 유형.

뛰엄코쟁이(*Hopsorrhinus macrohopsus*[16])의 교차교배실험에서만은 번식능력에 한계가 있는 자손이 생산되는 결과를 초래했다. 힐레이뛰엄코쟁이(*Hopsorrhinus mercator*[17] ; *Mercatorrhinus galactophilus*[18]) 역시 유전실험에 유용함이 입증되었는데, 이 종은 임신기간이 18일밖에 되지 않으며 그때마다 8마리의 같은 성(性)을 가진 새끼들을 생산하고 또 이들을 인공분유를 이용해 매우 손쉽게 기를 수 있는 장점을 가지고 있다.

---

[16] **macrós gr.** = 큰
 hopsus = 각주 4 참조.
[17] **mercator l.** = 상인(商人)
[18] **galacto-philus gr.** = 친유성(親乳性)

각 무리별 기술

아목: Monorrhina (외코쟁이아목, 單鼻類)
절: Pedestria (발걸음코쟁이절)
족: Archirrhiniformes (일반원시코쟁이족)
과: Archirrhinidae (원시코쟁이과 – 원시코쟁이부류)
1속: Archirrhinos (원시코쟁이)
1종

핵켈원시코쟁이(*Archirrhinos haeckelii*)는 유일하게 현존하는 원시코쟁이과(Urnaslinge*)의 대표종이다. 이 동물은 다른 포유류들과 마찬가지로 네발로 다니며 아직 전혀 분화되지 않은 나자리움을 가지고 있다. 따라서 코는 이동을 위한 기관으로는 전혀 적합하지 않으며 잡은 먹이를 뜯어 먹을 때 지지대로서의 역할을 담당할 뿐이다(삽화 II, 그림에서 뒤쪽의 동물). 원시코쟁이의 생활방식은 뾰족뒤쥐와 거의 비슷하다. 낮에는 뿌리 밑에 만들어 놓은 단순한 구덩이에서 쉬다가 해질 녘에나 먹이탐색에 나선다. 그때서야 통통한 머리에 막강한 주둥이를 가진 집쥐 크기의 핵켈원시코쟁이가 뒤뚱거리는 뛰엄질로 여기저기를 헤매며, 떨어진 바나나 모양의 비조레카(Wisoleka) 관목 열매 주변에 집단적으로 모여든 커다란 바퀴벌레를 사냥하고 다니는 것을 볼 수 있다. 코쟁이들이 곤충을 잡으면, 코를 땅에 박는 재빠른 곤두박질 동작으로 몸

---

* 여타의 코쟁이류와는 달리, 원시코쟁이속(*Archirrhinos*)과 그의 근연유형들은 그들에 관한 화석유물이 알려져 있다. 군도 가운데 판구조론적으로 특별한 위상을 차지하고 있는 아우자다우자 섬(Ausadausa)에는 경우에 따라서는 후기 백악기로 간주될 수도 있는 초기 신생대 3기 지층이 존재한다. 이 층에서 나온 발굴품 가운데 집고양이 정도의 몸집을 가졌음 직한 원시코쟁이들의 치아가 발견됐다.

〈삽화 II〉 핵켈원시코쟁이

을 거꾸로 세운 다음, 코의 가장자리를 빠르게 펼쳐 넓은 지지면을 확보하는데, 이때 끈끈한 콧물을 이용해 바닥에 단단히 고정시킨다. 그런 다음 이 먹성 좋은 코쟁이는 네발을 사용하여 매우 신속한 동작으로 먹이를 입으로 가져간다. 쩝쩝거리면서 찍찍대는 소리에 멀리서도 먹이를 먹고 있는 이 코쟁이를 알아차릴 수 있다. 식사가 끝나면 물구나무서기 자세는 재빠른 뒤집기 동작으로 마무리되며, 코는 다시 측면으로 말아 넣고는 계속해서 사냥을 나선다. 번식에 관해서는 거의 알려진 것이 없는데, 이는 이 코쟁이가 접근하기 매우 어려운 하이다다이피 섬의 산악 밀림지대에만 서식하기 때문이다.

아목: Monorrhina (외코쟁이아목)
절: Nasestria (코걸음코쟁이절)
족: Asclerorrhina (물렁코쟁이족)
아족: Epigeonasida[19] (느림보코쟁이류)
과: Nasolimacidae[20] (달팽이코쟁이과)
속: Nasolimaceus (코흘리개코쟁이)
4종*
속: Rhinolimaceus (사탕새앙쥐코쟁이)
14종

19 **Epí gr.** = 표면의
   gea = 각주 14 참조.
20 **limax 1.** = 달팽이
* 여기서는 앞으로도 몇몇 두드러진 전형적인 대표종들이 주로 거명·기술될 것이다. 상세한 정보는 브로멍뜨(BROMEANTE DE BURLAS, 1951)의 저서나 (J. D. BITBRAIN 1950)의 다소 축약된 집중연구논문(Monographie)에서 다루어지고 있다.

외코쟁이인 코걸음코쟁이절은 그의 하위분류군 가운데 하나인 물렁코쟁이족을 통해 원시코쟁이류와 매우 밀접하게 연계되어 있다. 이들은 달라진 운동방식과 연계된 체제의 변형이 아직도 코 부위에 조밀한 경계선으로 남아있는 동물들로서 이 같은 특징에는 예외가 없다. 이는 근본적으로 코의 확대와 코를 지탱해주는 역할을 하는 두개골 부위에 관한 문제이다.

여하간 다음과 같은 구조적 특성들은 새로운 획득형질로서 평가되어야 한다. 코의 하갑개골(下甲介骨)[33]과 부비강이 복합적으로 세분화되어 서로 소통이 가능하며, 특히 특수 근육을 이용해 개폐 가능한 기실(氣室) 체계가 형성된다. 나아가 강력하게 발달된 해면체가 있는데, 이는 기능에 필요한 팽압(膨壓)을 코에 불어 넣어주는 역할을 하며 대부분의 종들에서는 이 팽압의 조절이 임의로 가능하다. 그 밖에 코 근처의 얼굴근육들은 부분적으로 코 방향으로 발달해 더욱 세분화되었는데, 이로 인해 코의 움직임(비트브레인은 이미 진정한 나자리움으로 간주했다)은 매우 다양한 면모를 갖추게 된다. 또 다른 특징으로는 분비기능이 있는 표피의 강력한 확장을 들 수 있는데, 임의로 조절이 가능한 점액질 생산은 이 동물의 이동이나 밀착행동에 있어 없어서는 안 될 필수적인 것이다.

이미 '일반적인 특징'에서 언급했듯이, 다리는 퇴화되었거나 변형되었다. 뒷다리는 흔적만 남았거나(없지만, 완전히 사라진 것은 아님) 실질적인 기능을 상실한 상태이며, 앞다리는 먹이를 잡거나 털을 골라 청결을 유지하는 데 쓰인다.

원시코쟁이속과 역시도 가장 근연하게 연계되어 있는 *Nasolimaceus*

21 **plaustris 1.** = 늪지에 사는

33 **하갑개골** : 가장 긴 비갑개로 비루관(鼻淚管)의 개구부를 덮고 있다.

〈삽화 III〉 갑각꼬리달팽이코쟁이

palustris[21](화델라차 달팽이코쟁이)는 달팽이코쟁이과의 전형적인 대표종으로 기술되어 있다. 황갈색의 생기 있는 틸색을 지닌 이 생쥐 크기의 동물은 마이루빌리 섬에 분포하며 그곳 화델라차(Fadelacha)의 뻘 둔덕에 서식한다. 이들은 짧지만 넓적한 코를 가지고 있는데, 앞쪽으로 구부러진 코의 밑면은 달팽이의 '기는 발바닥'과 기능적으로 유사한 형태로 발달했으며, 차이가 있다면 보다 빠른 파동성 동작과 방향전환이 가능하다는 것이다. 이동속도는 이 같은 종류의 운동기작으로부터 기대할 수 있는 것 이상으로 빠르다. 도망을 치거나 사냥할 때는 1분에 10~12 m 정도는 거뜬히 주파할 수 있다. 그런 경우에는 축축하고 매끄러운 진흙 위로 귀신처럼 빠르게 곧장 미끄러져 간다. 따라서 움직이는 방식을 맨눈으로 알아보는 것은 불가능하며, 고속촬영 영상을 통해서만 확인가능하다(최근 들어, 인상적인 동영상이 과학 및 의학 영상 제작사인 "블랙 고츠"의 하이더릿취에 의해 제작됐다).

코흘리개코쟁이속의 종들은 오로지 고유속인 *Ankelella*에 속하는 달팽이만을 유일한 먹이원으로 삼는 데 반해, 해양기지의 선원들에게 "즐거운 하이니(Heini)"라 불리는 *Rhinolimaceus fodiens*[22]만이 유일하게 지렁이를 찾아 땅을 헤집는다(그 지렁이들의 일부는 뉴질랜드의 토종 지렁이와 같은 속에 속한다!). 그와는 달리 어린 동물들은 이를 갈기 전에는 주로 곤충유생 — 예를 들어, 깔따구과(Chironomidae)의 유생 — 을 먹고 사는데, 이는 어린 것들이 아직 딱딱한 달팽이 껍질을 잘 다룰 줄 모르기 때문이다.

짝짓기는 대개 밤에 이루어지는데, 이때 수컷들은 특이하게도 코를 푸는 듯한 소리를 낸다. 수컷들은 스스로 뱅글뱅글 도는 암컷에 밀착하여 주위를 배회하면서, 때때로 가벼운 '흠흠' 소리를 토해내기도 한다. 짝짓기의 장소로는 대개 크고 넓적한 바위를 선호하는데, 이들 바위는 얇고 미끈거리는 규조류층으로 덮여 있으며 가끔씩 물이 넘실거리기도 한다. 이는 전체적으로 한 쌍의 피겨 스케이트 선수가 추는 춤과 기괴하

리만큼 흡사하다. 교미는 단 몇 초간 지속되는데, 연이어 두 마리는 가볍게 코 푸는 듯한 소리를 내며 서로 반대방향으로 재빨리 떨어져 나간다. 암컷은 26개월의 임신기간을 거쳐 새끼를 낳는데, 이 어린 것은 이미 모든 부분에 있어 성체와 동일하며 어미로부터 독립하여 자립적인 삶을 꾸려나간다.

이들 코쟁이에겐 영역확보습성이 없으며 철저하게 홀로 살아가고 종족들에 대해서도 서로 관용적이다. 일반적으로, 담수성 진흙뻘에 적응하여 살아가는 달팽이코쟁이들은 그들이 태어난 바로 그 물가를 벗어나지 않고 서식하는데, 연유인즉슨 그들은 헤엄을 칠 줄도 모르며 또 다른 뻘밭이나 고운 모래밭 등이 있는 곳으로 자진해서 먼 거리를 이동할 능력도 없기 때문이다. 그럼에도 불구하고 때로는 육지를 가로질러 천천히 다른 물가를 찾아나서는 어린 개체들을 볼 수 있는데, 이들은 상대적으로 튼튼한 다리를 가지고 있다. 이들은 대개의 코쟁이류들이 그렇듯이 바닷물에선 살 수가 없으며, 이로써 여러 섬에 걸쳐 매우 많은 수의 지리적 격리에 의한 자매종의 서식에 관한 설명 역시 가능해진다.

화델라차 달팽이코쟁이와 근연한 종으로는 갑각꼬리달팽이코쟁이(*Nasolimaceus conchicauda*)[23]를 들 수 있다. 이름이 말해주듯이, 갑각으로 무장한 꼬리를 가진 이 동물은 작은 화산섬 이자조파(Isasofa, Esussoffa)에서 같은 이름을 가진 분화구 주변에 살고 있다(삽화 II). 이 동물은 꼬리를 배쪽으로 말아들임으로써 마치 해변가 바구니 의자처럼 그 안에 몸을 파묻을 수가 있다. 특이한 것은 이자조파는 코쟁이들에게는 위협적일 수 있는 동물인 Hypsiboant의 서식지란 사실이다. 이 동물

22 **fodiens l.** = 땅을 파고 사는
23 **conche gr.** = 접시, 방패
    cauda l. = 각주 8 참조.

은 날지 못하는 후릿취 소리관새(*Hypsiboas fritschii*)인데, 이 종은 지빠귀만 한 크기로 뜀박질과 수영에 매우 탁월한 능력을 가졌으며, 접근하여 이겨낼 수만 있으면 실제로 모든 종류의 동물을 먹이로 삼는다.

대부분의 달팽이코쟁이들은 꼬리 근저로부터 단물을 내는 분비선을 가지고 있는데 — 그래서 영어권에서는 사탕새앙쥐(sugar-mouse)라고도 표기함 — 주로 이것을 이용하여 적으로부터의 공격을 막아낸다. 이 분비물은 작고 매우 공격적인 유사호박벌속(*Pseudobombus*)의 종들을 유인하여 동물 자신의 주위를 맴돌게 함으로써 보호를 유도한다*.

과: Rhinocolumnidae (기둥코쟁이과)
속: Emunctator (훌쩍이코쟁이)
1종
속: Dulcicauda (꿀꼬랑지)
19종
속: Dulcidauca [24] (사탕꼬랑지)
1종
속: Columnifax (기둥코쟁이)
11종

기둥코쟁이과의 위상은 아직도 논란의 여지가 있다. Peripatetica에 대비되는 특별한 절(Sedentaria)에 위치시켜야 한다는 슈파스만(SPASMAN)과 슈튤텐의 1947년 제안이 있었던 반면, 현재는 브로멍뜨의 주장에 따라 아족인 느림보코쟁이류(Epigeonasida)에 귀속시키고 있다. 이에 대한 근거로 무엇보다 이동성인 사탕새앙쥐코쟁이속과 기둥코쟁이과의 중간위치를 차지하며 고착성인 *Emunctator sorbens*(소르벤홀쩍이코쟁이)가 새로이 발견되었기 때문이다.

한편으로, 기둥코쟁이과가 다계통군(多系統群)[34]이란 사실을 배제할 수 없다. 최근 들어, 부횡(BOUFFON 1954)은 훌쩍이코쟁이속이 꿀꼬랑지속이나 기둥코쟁이속과 현저한 차이를 보이고 있음에 관해 재차 언급했다. 첫째, 이들 두 속은 비하근(鼻下筋)계의 신경분포가 근본적으로 다르며 둘째, 셀라(Sella) — 꿀꼬랑지속이나 기둥코쟁이속이 딛고 서는 일종의 받침 같은 단 — 에서 발견되는 물질이 부분적으로 매우 다양하다. 예를 들면, 훌쩍이코쟁이속의 포사(捕絲)와 꿀꼬랑지속의 셀라는 둘 다 소위 '*Emunctator*-Mucin'을 가지고 있는데, 이 물질은 5탄당 점액상 황산(粘液狀 黃酸)을 함유하고 있으며, 바로 이 물질이 기둥코쟁이속에는 없다. 다른 한편, 기둥코쟁이속의 셀라에서는 의사비성(疑似鼻性) 케라틴이 발견되는데, 이것은 꿀꼬랑지속이나 훌쩍이코쟁이속에는 없는 물질이다.

코를 훌쩍거리는 훌쩍이코쟁이(Schniefling)인, 소르벤훌쩍이코쟁이(삽화 IV)는 작은 집쥐 크기의 동물이다. 이들은 하이다이피 섬의 유속이 느린 냇가 어귀에 살며, 그곳 물가에서 수면 위로 뻗어 나간 식물의 가지를 움켜쥐고는 그 위에 올라앉는다. 이 코쟁이의 먹이 잡는 방식은 참으로 특이하다. 훌쩍거리며 기다란 코로부터 가늘고 긴 포사를 물속으로 늘어뜨려 작은 수생동물들이 포사에 들러붙기를 기다린다. 먹이

24 **Dulcidauca** : Dulcicauda의 전철(轉綴), 각주 8 참조.

* 쉬린 타파르루흐(SHIRIN TAFARRUJ)의 연구에 의하면, 이 분비물은 오직 미량의 포도당과 아직 그 조성이 밝혀지지 않은 단맛을 내는 물질을 함유하고 있다. 그 물질은 구조적으로 둘신(dulcin)이나 사카린과는 무관하며, 순수물질로서 사카린의 200배가량 강력한 감미료이다. 이 감미료는 특이하게도 위에 언급한 곤충이나 사람에게 모두 같은 단맛을 내는 것으로 알려져 있다.

34 **다계통군** : 서로 다른 조상분류군으로부터 유래된 자손 분류군을 하나의 통합분류군으로 간주한 극도로 인위적인 분류형태를 말한다.

〈삽화 IV〉 소르벤홀쩍이코쟁이

(주로 요각류나 곤충유생이며 이 밖에 쥐며느리와 옆새우류, 드물게는 작은 물고기 등도 먹이원이 된다.)는 끈끈한 포사를 훌쩍거림으로써 콧구멍을 통해 들이마시거나, 긴 혀를 이용하여 코끝으로 핥아 먹는다.

게으르고 둔한 이 작은 동물은 방어수단으로 아주 잘 움직이는 긴 꼬리를 가지고 있는데, 이 꼬리 끝에는 독선(毒腺)이 발달되어 있으며, 독은 관 모양으로 생긴 꼬리갈고리(변형된 털로부터 유래)를 통해 뿜어져 나온다. 훌쩍이코쟁이속은 주로 작은 무리를 지어 사는데, 이 작은 동물들은 함께 모여 꼬리를 저어댐으로써 자신들을 방어한다.

꿀꼬랑지속의 전형적인 대표종으로 여기선 *Dulcicauda griseaurella*(회금빛꿀꼬랑지)를 들 수 있다. 이들은 *Dulcicauda aromaturus*(향꼬리꿀꼬랑지)와 함께 미타디나 섬에 서식하는데(이후로는 브로멍뜨가 지정한 이름이 사용될 것이며, 따라서 명명자의 이름은 매번 거론하지 않겠다), 회금빛꿀꼬랑지는 섬의 동쪽에, 향꼬리꿀꼬랑지는 섬의 서쪽에 분포한다.

이 동물들에게서 특이한 것은 이들이 진정한 고착성 유형이라는 점으로서, 코를 이용하여 거꾸로 서는 보통 어린 시절에 선택해 정착한 자리로부터 떨어져 분리되는 일이 없다. 그러니까, 코로 물구나무서서 평생을 보내는 이 코쟁이들은(머리와 몸통을 합하여 대략 8 cm, 꼬리길이는 11 cm 정도이다.) 코로부터 적황색의 분비물을 내어 놓는데, 시간이 지나면서 이것으로 기둥 모양의 거창하게 생긴 셀라라는 기단을 형성하여 그 위에 몸체를 올려놓게 된다(삽화 V). 꼬리는 과일향이 나는 매우 끈끈한 분비물을 내는 피부선(腺)을 가지고 있는데, 특히 독갈고리가 있는 꼬리 끝 근처에 풍부하게 발달되어 있다. 발산된 이 향기에 유인되어 꼬리에 내려앉은 곤충들이 그곳에 단단히 들러붙게 되면 이들을 앞발로 훑어내어 입으로 가져간다. 주로 작은 곤충들이 날아들 때는 꼬리로부터 한 마리씩 가져오는 것이 아니고 이따금씩 한꺼번에 주둥이로 훑어서는 핥아먹어 버린다.

〈삽화 V〉 회금빛꿀꼬랑지

이 동물은 바다 근처의 자갈사면에 무리지어 산다. 이 집단은 대개 가 한 마리의 작은 육상게(*Chestochele marmorata*)[25]와 어울려 지내는데, 이 게는 코쟁이들이 먹다 남은 먹이 부스러기를 먹고 살며 그들의 배설물을 청소한다.

짝짓기 동안에 수컷은 새벽 어스름에 그들의 셀라에서 미끄러지듯 내려와 앞다리를 이용하여 끌어당기듯이 암컷에게 다가가는데, 이 같은 행동은 교미가 끝나면 단으로 다시 돌아오기 위함이다.

셀라로부터의 분리는 원반 모양의 코판(discus nasalis)에 있는 PUSDIVA선으로부터 분비되는 효소에 의해 가장 위에 있는 점액층이 부분적으로 떨어져나감에 따라 가능해진다(원시코쟁이들에게서 부착성 점액이 분리될 때도 이와 상응하는 기작이 적용된다).

아주 일반적으로는 기둥코쟁이속은 움켜쥐는 데 쓰이는 꼬리가 퇴화된 것으로 특징지어진다. 때문에 이 동물들은 스스로 사냥을 할 수가 없다. 3개월이 안 된 어린 동물들은 분비기능을 가진 비교적 긴 꼬리를 아직 가지고 있으며 꿀꼬랑지나 사탕꼬랑지들과 동일한 방식으로 섭식을 한다(사탕꼬랑지에겐 뒷다리가 없는 것이 특징이다). 나이 든 개체들에게서는 뛰엄코쟁이와 연계된 매우 특이한 공생기작이 작동된다. 11종의 기둥코쟁이종들은 힐레이뛰엄코쟁이의 11개 아종들 중 한 아종과 각기 연계를 맺고 있다. 이렇게 맺어진 파트너들끼리는 서로에 대한 의존도가 매우 높으며 서로 간의 섭식활동을 돌보게 된다. 힐레이뛰엄코쟁이는 양쪽의 공생파트너가 함께 서식하는 해안 광조대에서 주로 집게를 사냥하지만 변형된 주둥이 구조 때문에 어차피 직접 먹을 수는 없다(63

---

[25] **chestón gr.** = (동물의)똥, 신호(또는 암호), 알렉산드리아의 EUPHÉMIOS THEREUTES에서 기원
chele gr. = 갈라진 갈고리, 게의 집게발

~64쪽). 그래서 힐레이뛰엄코쟁이는 특이한 울음소리와 몸짓을 통해 기둥코쟁이류(Säulennase)의 방어기작을 차단한 후 그들에게 먹이를 넘겨주게 된다(기둥코쟁이는 항문에 있는 악취선으로부터 분사되는 분비물로 자신을 방어하며, 매우 탄력적인 코로 서서는 몸의 수직선을 축으로 거의 180°에 가까운 각도로 몸을 돌릴 수가 있다). 그렇게 해서 기둥코쟁이는 뛰엄코쟁이들(Hopsorrhinida)에게 젖을 줄 수 있으며, 이 젖은 — 앞서 기술한 공생관계란 맥락에서 — 성적인 기능과는 무관하게 암수 모두 3개월 이상 된 동물들에서는 지속적으로 생산된다(삽화 VII).

아족: Hypogeonasida (진흙코쟁이아족)
과: Rhinosiphonidae (주둥이코쟁이과)
속: Rhinotaenia (띠코쟁이)
2종
속: Rhinosiphonia (주둥이코쟁이)
3종
과: Rhinostentoridae (나팔코쟁이과)
속: Rhinostentor (나팔코쟁이)
3종

진흙코쟁이류 역시 비교적 배타적인 집단이다[35]. 그들은 본래 땅속에 서식하는 생활방식을 영위하며 작고 눈에 잘 띄지 않는 동물들로, 그 같은 생활방식은 띠코쟁이속(*Rhinotaenia*)에서 가장 전형적인 형태로 발달되어 있다. 특색있는 대표종으로 우선 코골이띠코쟁이(*Rhinotaenia asymmetrica*)를 기술해보면 다음과 같다.

이 동물은 몇몇 작은 호수의 진흙 속이나 유속이 느린 냇가의 표층

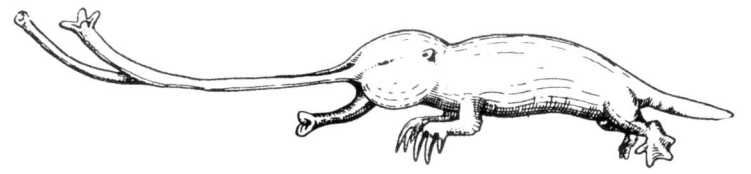

〈그림 3〉 코골이띠코쟁이

조광대에 서식한다. 그곳에서 주로 지렁이나 곤충의 유생들을 잡아먹고 사는데, 빨대같이 길게 늘어진 입으로 이들을 찾아내서는 빨아들이듯 삼켜버린다. 띠코쟁이는 낮 동안에는 대략 30 cm 정도 깊이를 항상 유지하며 약 1~2 m 정도의 길이를 파며 전진해간다. 이때는 사이펀(吸管) 모양으로 길게 늘어진 코로 숨을 쉬는데, 약 40 cm까지 늘여 뻗을 수 있다 — 이는 몸길이의 4배까지가 된다(그림 3). 원화창 모양의 좌비강 말단부위로는 숨을 들이쉬고, 우비강은 내쉬는 데 적합하도록 되어 있다. 이러한 코의 비대칭적인 기능적 구조는 이 공기통로가 상당한 길이를 가지고 있음에도 불구하고 아무런 문제없이 숨을 쉴 수 있도록 해준다.

짝짓기와 번식에 관하여 자세히 알려진 것은 아무것도 없다. 새끼 밴 암컷과 아주 어린 새끼는 일 년 내내 마주친다. 바이리히(BEILIG)는 띠코쟁이로부터 떼어낸 코에서 점액소(mucin)[36]를 분리해낼 수 있었으며, 이것은 훌쩍이코쟁이의 것과 같은 물질인 것으로 밝혀졌다. 또한 형태학적으로도 많은 부분이 진흙코쟁이류는 훌쩍이코쟁이속과 함께 유사한 조상으로부터 갈라져 나왔다는 견해에 무게를 실어주고 있다(BROMEANTE DE BURLAS 1952, JERKER und CELIAZZINI 1953).

35 단계통분류군, 즉 Monophylum을 뜻한다.
36 **점액소** : 침의 점성물질로서 점액단백질(Mucoproteiden)과 점액성 다당류(Mucopolysaccharide)의 혼합물질이다.

〈그림 4〉 조개띠코쟁이의 성숙한 암컷. 쌍을 이루는 다리 및 항문관과 비뇨생식관의 퇴화를 주의 깊게 관찰해 본다. 퇴화된 머리에서는 비관과 위축된 눈 전방에 위치한 빨대 주둥이와 더불어 커다란 눈물샘입구가 두드러진다. (Orig.)

주둥이코쟁이속은 띠코쟁이속과 주로 코의 형태에 있어 섬세한 구조의 차이에 의해 구별되나, 그 외에는 띠코쟁이속에 대치될 만한 이렇다 할 특이성은 찾아볼 수 없다. 그렇긴 해도 여기서 독특한 기생유형을 유일하게 보여주고 있는 띠코쟁이종에 관해 언급해보면 다음과 같다.

조개띠코쟁이(*Rhinotaenia tridacnae*)는 군도 전반에 걸쳐 형성되어 있는 조간대에서 발견된다(그림 4). 수컷들과 마찬가지로 어린 새끼들은 진흙 속에 서식하는데, 이들은 초호(礁湖)[37]의 잔잔한 곳에 모여들어 쌓이거나 산호군락덩이들 사이에서 소형 생태적 지위를[26] 지닌 채 발견된다. 일반적인 코걸음쟁이들, 특히 진흙코쟁이류 가운데 조개띠코쟁이는 매우 불완전하게 발달된 항온성(恒溫性)[38]을 지닌다. 이는 조개띠코쟁이가 상당 시간 동안 어느 정도는 철저하게 유산소대사를 멈출 수 있는 것과 연관이 있다 하겠다. 이 작은 동물들은 15분에서 길어야 반 시간가량 동안만 바닷물이 들고 나는 상부 조간대에서 산다. 그러나 이 동물들은 3시간 정도까지 공기가 차단된 채로 버텨낼 수가 있다. 그런 다음 일종의 경직상태에 돌입하면서 — 이 동물들이 본래 그렇듯이 완전히 벌거벗은 채로 — 온몸이 푸르게 변하는데, 이들은 공기호흡을

하게 된 연후에야 곧 다시 노르스름한 살색으로 되돌아온다.

조개띠코쟁이의 성숙한 암컷은 만조 때 열려있는 거대조개속(*Tridacna*)에 속하는 조개 속으로 숨는데, 이때 조개 속의 외투강과 패각 사이를 재빨리 파고든다. 암컷들은 그 안에서 바로 주먹에서 어린아이 머리 크기만 한 외투막혹을 만들어낸다. 이는 부분적으로 진주모(眞珠母)[39]를 분비하기도 하며, 간조 시에는 그 조개띠코쟁이 암컷 스스로 외투막혹을 공기로 채운 다음 이것을 조개의 아가미공간으로 탈장낭(脫腸囊) 형태로 부풀린다. 이 기생동물은 빨대주둥이로 숙주로부터 혈림프와 생식 부산물의 일부를 취한다. 주위를 맴도는 수컷들과의 짝짓기는 만조 때 밤에 이루어진다. 아주 작은 어린 새끼 역시 만조 때 아마도 밤에 태어나는 듯하다.

나팔코쟁이과의 구성원들은 띠코쟁이속과 긴밀한 연관성을 보이나, 담수에서의 수중생활에 적응해 살아가고 있으며 그에 맞추어 약간의 구조적 변형을 겪는데*, 이 변형된 형태는 *Rhinostentor submersus*(물벼룩나팔코쟁이)[26]에서 가장 전형적으로 발달해 있다.

물벼룩나팔코쟁이는 여러 다양한 분화구호수나 군도의 담수화된

---

26   각주 7 참조.

*   이 부분은 뵈커(BÖKER)의 방식에 따른 설명을 시도한 것이 아니라, 이로써 단순한 실재상황의 확인설명을 제공한 것이다.

37   **초호** : 환초호; 모래톱이나 산호초로 인해 섬 둘레에 바닷물이 얕게 괸 곳을 말하며, 폐쇄성과 반폐쇄성이 있다.

38   **항온성** : 조직물질대사에서 생성된 열과 주위로 빼앗기는 열이 평형을 이루는 것으로서, 주위 온도변화에 대해 동물이 자신의 체온을 비교적 일정한 수준으로 유지하는 성향을 말한다. 신경과 호르몬으로도 체온조절이 가능하다.

39   **진주모** : 진주층(層)

석호(潟湖)[40]에서 플랑크톤을 잡아먹고 사는데, 그중에서도 새각아강(鰓脚亞綱)[41]에 속하는 *Branchipusiops lacustris*를 주로 선호한다. 대개의 경우 이들 *Branchipusiops lacustris*는 이곳 호수들에서 엄청난 규모로 서식하나 종종 흔하게 출현하는 분류군인 지각류(枝脚類)[42]나 윤형동물(輪刑動物)[43]에 의해 그 수가 줄어들기도 한다. 이 종은 20~50 cm 정도의 물깊이에서 대롱코[44]에 매달려 있는데, 이 비수관은 근본적으로는 띠코쟁이에서와 유사한 모양으로 형성되어 있으나 그럼에도 불구하고 수중생활과 연계되어 원화창 모양으로 코말단부위가 확장되는 변화를 겪었다. 이 원화창 모양의 코말단부위는 배설을 맡은 비강주위를 깔때기 모양으로 에워싸며 자라는 반면, 소화기능을 가진 비강은 그 위로 돌출되어 역시도 작은 원화창 모양의 제2의 말단부위를 형성한다.

깔때기 또는 트럼펫 모양을 하고 있는 코의 말단부위(그림 5)는 방수모로 둘러싸여 있으며 그 가장자리(변형된 피지선(皮脂腺)[45])에선 물분자를 밀어내는 왁스유형의 물질을 분비해 덮어씌움으로써 부표에 매달린 것처럼 동물이 소위 나팔에 매달리게 된다. 그 밖에 벌거벗은 몸

〈그림 5〉 물벼룩나팔코쟁이 (Orig.)

전체의 측면을 따라 뻣뻣하고 두꺼운 강모가 나 있으며, 복부에는 앞발 (이것 역시 뻣뻣한 강모살을 가지고 있는)로 노 젓듯 하는 동작을 통해 만들어지는 일종의 어살이 형성된다. 이것은 통째로 물벼룩의 여과기구처럼 작동하는데, 이 동물은 수류에 말려들어와 걸려든 부유생물을 빨대주둥이를 이용해 이 여과기구로부터 거둬들여 먹는다.

그와 동일한 상황은 다음과 같은 차이를 보이며 거품나팔코쟁이 (*Rhinostentor spumonasus*)에서도 나타난다. 이 작은 동물들은 코나팔에 매달리는 것이 아니라, 코나팔로부터 분비된 거품뗏목에 매달리는데, 이 거품뗏목은 코쟁이들이 잠잘 때나 짝짓기 할 때 그리고 위험에 처했을 때 피난처로 삼는다.

군도를 방문한 이들에게 매우 인상적인 볼거리로는 시궁나팔코쟁이 (*Rhinostentor foetidus*, 그림 6)의 거품뗏목을 들 수 있다. 이는 거품뗏목이 담수가 고여 있는 여러 곳에서 자주 대규모로 모여 떠다닐 뿐만 아니라, 목가적인 아름다움을 지닌 물가에서 이따금씩 방문객이 머무를 때면 참을 수 없는 고약한 냄새를 풍겨 방문객들이 그 장소에 더 이상 머물

40 **석호** : 사취, 사주 등으로 만의 입구가 막혀 바다와의 분리가 일어남으로써 형성된 호수. 우리나라에서는 강릉 이북의 사빈 해안에 많이 발달하고 있으며, 영랑호, 청초호 등이 있다.
41 **새각아강**(Branchiopoda) : 원전에는 엽각아강(phyllopoda : 나뭇잎 모양의 납작한 부속지마디를 지닌 하등갑각류)으로 표기되어 있으나, *Branchipusiops lacustris* 가 무갑류 또는 무갑아강(Anostraca)에 속하는 종임을 고려하면, 새각아강으로 번역하는 것이 옳을 것으로 사료된다. 새각아강은 엽각아강과 무갑아강 두 분류군을 통칭하는 분류군명이다.
42 **지각류** : 새각아강에 속하는 하등갑각류. 물벼룩(*Daphnia*종) 등이 있다.
43 **윤형동물** : 바퀴 모양의 섬모관을 가진 의체강동물로 비교적 하등한 분류군이다. 계통분류학적 위상에 관한 활발한 논의와 많은 문제점을 내포함에 따라 분류군의 범주 또한 논란이 분분하다.
44 **대롱코** : 비수관(鼻水管)
45 **피지선** : 진피(眞皮)의 모낭 옆에 위치하며 지방분비 기능이 있다.

고 싶지 않게끔 하는 탓이다. 시궁나팔코쟁이는 일생 동안 스스로 만들어 낸 거품뗏목 속에서 살아간다. 복부 쪽에 있는 수집기구는 작은 갈퀴 모양으로 퇴화되었는데, 이것을 이용하여 규칙적으로 거품뗏목 속을 이리저리 기어 다니면서 먹이를 모아들인다(이때 다소 퇴화된 나팔코는 몸을 끌어당길 수 있는 이동수단으로 사용된다). 먹이는 *Spumalgophilus*속에 속하는 버섯모기유충들로 이루어져 있는데, 이들은 점액질 거품뗏목에 스며든 균사체(菌絲體)를 먹고 산다. 아직은 동정(同定)이 불가능하나 진균류(眞菌類, Eumycetes)[46]인 이 버섯은 말라 죽어가는 남조류(藍藻類, Cyanophyta)[47]를 양분으로 살아가는데, 이들은 거품뗏목 속 어디에서나 무성하게 자란다. 이로써 하나의 공생관계가 형성된다. 나팔코쟁이는 조류(藻類)에게 적절한 배지를 — 점액질에 포함되어 있으며 오줌이나 똥과 함께 배설되는 영양물질을 통해 — 제공하는데, 이는 버섯으로 둘러싸여 있다. 조류는 동화작용을 하며 부분적으로는 다시 버섯에 의해 흡수되어 분해된다 *. 버섯은 버섯모기유충이 먹어치운다. 버섯모기유충은 부분적으로 나팔코쟁이의 먹이 역할을 하기도 한다.

 흥미로운 것은 거품나팔코쟁이와 시궁나팔코쟁이가 만든 거품뗏목이 일련의 여타 동물들과 함께 살아가는 서식지란 사실이다. 후릿취소리관새는 둥지 트는 장소로 거품뗏목을 규칙적으로 이용한다. 여섯 개의 날개를 가진 연못잠자리(*Hexapteryx handlirschii*)는 거품뗏목 위에 산란을 하고, 부화된 애벌레들은 버섯모기유충들을 먹고 자란다. 일련의 톡토기류(粘管目)[48]들은 거품뗏목 표면의 산소를 머금은 공기방울

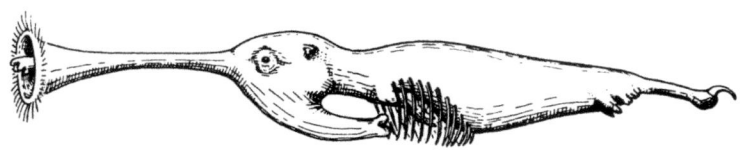

〈그림 6〉 시궁나팔코쟁이 (Orig.)

속에 사는 등 많은 사례가 있다.

아족: Georrhinida (땅코쟁이아족)

과: Rhinotalpidae (유사두더지코쟁이과)

속: Rhinotalpa (두더지코쟁이)

4종

속: Enterorrhinus (장코쟁이)

5종

과: Holorrhinidae (통코쟁이과)

속: Holorrhinus (온코쟁이)

18종

속: Remanonasus[27] (난쟁이코쟁이)

1종

땅코쟁이류(Erdnaslinge)는 모든 점에서 원시코쟁이를 연상케 할 정도로, 추측컨대 매우 원시적인 형태의 나자리움을 가지고 있지만, 이들이 극단적인 경우엔 코를 코 이외의 몸에 비해 훨씬 육중하게 만들어

---

27 **remanere l.** = 머물다.
   nasus = 각주 1 참조.

* 이것이 변형된 선태류와의 공생관계인지 아닌지는 아직 확실하지 않다.

46 **진균류** : 균류의 한 부류로 자낭균류(Ascomycetes), 담자균류(Basidiomycetes) 그리고 불완전균류(Fungi imperfecti)를 포함한다.

47 **남조류** : 하등조류의 하나로 세포막은 있으나 유형의 세포핵이 부재한 결과로 핵요소 물질들은 동화색소 등과 함께 세포질 속에 흩어져 있다.

48 **톡토기류** : 날개가 없는 원시 곤충류인 무시아강(Apterygota)에 속하며 목의 지위를 갖는 분류군이다.

유지할 수 있다는 것은 매우 주목할 만한 일이다. 이런 맥락에서 이들은 코쟁이들에서뿐만 아니라 — 전체적인 구조에 있어 이와 긴밀하게 연계되어 나타나고 있는 퇴화현상들은 제외하고라도 — 포유류에서는 물론, 전체 척추동물 가운데 독보적인 위상을 갖는다.

두더지코쟁이속(Nasenmull))은 아직도 가장 원시적인 상태를 보여준다. 이 속 가운데 전형적인 대표종으로는 부푼 코를 가진 두더지코쟁이 *Rhinotalpa phallonasus*(풍선두더지코쟁이)를 들 수 있는데, 이 동물은 마이루빌리 섬이 원서식지이다(그림 7). 이것은 새앙쥐 크기만 한 작은 동물이며 두더지와 유사한 생활방식을 갖는데, 즉 부식토가 풍부한 비옥한 땅에 스스로 판 굴에 살면서 땅에 사는 곤충이나 지렁이를 먹고 산다. 그들의 앞다리와 뒷다리는 모두 퇴화되었지만 자유지(自由肢)[49]는 아직도 매우 잘 보존되어 있으며, 이 발에 달린 갈고리 모양의 큰 발톱은 땅굴 안에서 몸을 밀거나 고정하는 도구로 쓰인다. 그렇지만 땅을 파는 일은 강력한 해면체로 무장한 코를 이용해 진행되는데, 이 코 속에서도 역시 코를 부풀리는 데 사용되는 풍성한(부비강으로부터 연결되는) 공기주머니들이 등장한다.

코의 가장 두터운 부위뿐만 아니라 뒷머리 주변 및 하악(下顎)의 아랫부분은 각각 몸의 뒤쪽을 향하고 있는 강한 강모환으로 둘러싸여 있다. 이들 두 강모환은 쫙 펼칠 수 있으며 움직일 때 함께 영향을 미치는데, 이들은 다음과 같은 순서로 작동된다. ①목덜미의 강모환이 발에 난 갈고리 발톱과 함께 펼쳐지고 ②입을 통해 공기를 들이마심과 동시에 성문

〈그림 7〉 풍선두더지코쟁이 (Orig.)

(聲聞)⁵⁰을 달아(이때 콧구멍 역시 닫힐 수 있게 작동된다) 코가 부풀려지면서 ③코의 강모환이 펼쳐진다. 이렇듯 코를 통해 공기를 불어내면서 M. retractor nasarii가 수축되어 동물의 몸이 이끌려 나아가게 되는데, 이 동작에 뒤이어 다시 1단계 동작으로 이어진다. 코의 해면체는 매우 단단한 토양에서만 함께 기능을 하는데, 그땐 무엇보다 먼저 코의 앞쪽 말단부위를 딱딱하게 함과 동시에 확대하는 임무를 맡는다.

보통의 경우 이 동물은 가능한 적게 땅을 파고 스스로 이미 파 놓은 기존의 굴을 이용하는데, 이 같은 굴착방식 덕분에 굴은 벽이 매우 단단하다. 이 작은 동물은 굴속에서 놀라운 속도로 미끄러져 다니며 하악모로 이루어진 갈퀴(Rechen)²⁸로 굴 안에 사는 벌레들을 파내어 모은 후 빨대주둥이⁵¹를 이용하여 갈퀴로부터 벌레들을 걷어내어 먹는다. 먹이를 감지하는 데 있어 **Papillae basonasales**⁵²는 중요한 역할을 한다. 민감한 안면신경 외에도, 근연한 동물들에서는 야콥슨 기관(vomeronasal

28   한때는 하악모(Chaetae submentales)를 나팔코쟁이과(Rhinostetoridae)의 포획바구니에 소급시키고는, 그에 맞추어 땅코쟁이류(Georrhinida)가 진흙코쟁이류(Hypogeonasida)로부터 유래한 것으로 해석을 시도했었다(NAQUEDAI 1948). 그럼에도 불구하고 이들 두 아족의 다른 모든 구성은 이 견해와 배치(背馳)된다.

49   **자유지**(Autopodium) : 척추동물 사지상강(Tetrapoda)의 자유로운 부속지 중 주요 부분(손, 발)을 가리킨다.
50   **성문** : 두 성대주름과 그 사이 공간(성대문틈새)으로 이루어진 후두(喉頭)에서 소리를 내는 부분. 척추동물에서 기관(氣管)의 인두(咽頭)로 열린 개구부를 가리키며 보통은 근육으로 닫혀 있다.
51   **빨대주둥이** : 본래 동물의 입이나 코 또는 그 주변에 돌출된 부분을 일컫는다. 대표적으로 코끼리의 코를 들 수 있으나, 이 책에서는 코끼리의 경우와 달리 입 주변 조직의 연장성장에 의해 형성된 빨대 같은 형상을 한 주둥이를 말하고 있다.
52   **Papillae basonales** : 여기서는 코 내벽의 표피 기저면에 형성된 유두(乳頭)와 유사한 돌출구조를 말한다. 일본어판에서는 저비유두(底鼻乳頭)라 번역하고 있다.

organ)⁵³을 관장하는 바로 그 신경으로부터 분화된 신경망이 삽입되어 있으며, **Papillae basonasales** 역시 아마도 화학적 감각과 촉각 및 후각을 담당하는 기관일 것으로 여겨진다.

두더지코쟁이속은 몸통의 뒤쪽 끝에 자리한 꼬리 위쪽에 방어를 위한 분비선이 있는데, 좁은 굴 안에서 그들이 쉽게 돌아설 수 없을 때나 그들의 서식굴에 공격적인 작은 육상게(*Chelygnathomachus altevogtii*)²⁹가 둥지를 튼 채 자리 잡고 있을 바로 그 같은 경우 때문에 이 분비선은 작은 동물들에게는 중요하다. 흔적만 남아 있는 뒷다리 사이에 젖꼭지가 있는데, 어린 개체들은 태어난 후 한동안은 여기에 매달려 다닌다. 이런 맥락에서 두더지코쟁이속이 원시적인 특징을 보여주는 것이라 할 수 있는데, 이는 대부분의 외코쟁이들은 어린 새끼들에게 더 이상 젖을 주지 않기 때문이다.

땅코쟁이류의 다른 대표종들에게서 훨씬 더 뚜렷하게 발현된 독특한 구조적인 특색은 두더지코쟁이들에게서 이미 그 전조가 나타나고 있는데, 예를 들어 체강(體腔)이 결체조직(結締組織)으로 채워지는 경향 등을 들 수 있다. 이는 두더지코쟁이속에서는 흉강 부위에 국한되어 나타나는데, 여기서 허파는 흉막과 단단하게 유착되어 있다. 이 특징은 풍선두더지코쟁이에게서보다 좀 더 자그마한 크기의 근연종인 *Rhinotalpa angustinasus*(방망이두더지코쟁이, 좁은 코를 가진 두더지코쟁이)에서 강력하게 나타난다. 이 방망이두더지코쟁이에서는 이 외의 포유류에서는 알려져 있지 않은, 미미하지만 동물의 크기와 절대적으로 연관 있는 몇 가지 구조적 특징이 발견된다(그림 8).

이 가운데 다음과 같은 특징들을 중점적으로 지적해보면, 소화관의 상대적 길이의 감소, 폐부의 축소, 콧구멍의 소실, 탈모현상, 풍선두더지코쟁이의 넓은 비강을 피복하는 솜털표피가 코의 바깥부분 기저면에까지 확장분포된 것, 뇌의 단순화와 눈의 퇴화, 끝으로 두드러진 생리적 특징으로서 항온성의 전면상실 등을 들 수 있다.

구조 및 기능과 연관된 이 모든 특징들은 물론 단단한 육상이 아닌 거친 자갈 사이의 빈 공간에서 살아가는 이 동물의 서식방식과 밀접하게 연관된다. 이 동물은 그곳에서 풍선두더지코쟁이와 유사한 방식으로 움직이나 그의 길쭉한 생김새에 걸맞게 물결치듯 꿈틀거리며 움직일 수 있다는 점에서 차이가 있다. 또한 이 동물이 공기가 통하는 틈새뿐만 아니라 담수로 채워진 틈새를 찾아내는 것 역시 중요한 일이다. 그런 다음 이 동물은 단순하고 작은 자루 모양으로 퇴화된 허파에 물을 채운다. 그 밖에도 비강은 호흡기관으로서의 역할을 한다. 격렬하게 움직이는 동안 이 호흡기관은 그 움직임에 맞추어 어차피 물로 채워진다. 이 동물이 쉬는 동안에는 많은 분비선이 분포하는 체표를 통해 피부호흡을 하는 것으로 보인다.

두더지코쟁이속에서 이미 형성되기 시작한 구조적 특징들은 장코쟁이속(Darmnase)에서 훨씬 더 뚜렷하게 나타난다. 이 속의 대표종들은 최대 17 mm 정도까지 자라며, 이미 아주 많이 진행된 퇴화현상들을 보여준다. 다리에는 오직 갈퀴 모양의 발톱만 남아 있으며, 그들의 동작근육계는 그에 해당하는 특정 수족근육과 더 이상 일치되지 않는다. 장은 곧게 뻗어 있으며, 폐는 없다. 심장은 단순한 혈관고리 형태인데, 이는 매우 어린 포유동물의 배아에서나 확인되는 상태에 해당한다. 온몸의 피부는 통째로 섬모로 뒤덮여 있다. 뇌는 적어도 겉보기에는 전혀 분화되

29 **chele** = 각주 25 참조.
gnathos gr. = 치열
machómenos 또는 **-máchos gr.** = 투사

53 **야콥슨 기관** : 양서류, 파충류 및 포유류에서 볼 수 있는 비강의 일부가 좌우로 팽출하여 형성된 한 쌍의 주머니 모양의 기관

지 않았다. 골격을 보면 미약하게 발달된 척삭(脊索)[54]을 알아볼 수 있을 정도이며, 이는 장 위를 지나 뇌 밑을 통과하여 코까지 뻗어 있다. 생식기관에 관해서는 아무것도 알려진 것이 없다. 신장의 역할은 양쪽에 하나씩 섬모깔때기를 가진 원신관(原腎管)[55]이 맡고 있다. 이들 섬모깔때기는 내배엽낭(內胚葉囊) 안쪽으로 돌출되어 있으며, 결체조직으로 채워진 체강 내에 있는 이 내배엽낭은 코의 기저면에 놓여 있다. 뇨생식동(尿生殖洞)[56]은 더 이상 존재하지 않는다.

이 장코쟁이속을 구성하는 5개의 종들은 군도의 가장 큰 다섯 개의 섬에 각각 한 종씩 서식하는 것으로 대별된다. 이 동물들은 그곳 작은 강들의 삼각주에 형성된 자갈밭에서 각기 매우 제한된 구역 안에 사는데, 이 구역은 지하수의 염분농도(약 0.6~1.4 %)에 따라 정해진다. 이곳에서는 떨어져나간 코나 몸통에 비해 상대적으로 특이하리만큼 거대하거나 매우 작은 코를 갖고 있는 동물들을 자주 볼 수 있는데, 이 같은 사실은 이 동물들이 코의 기저면을 가로질러 나누어짐으로써 증식하리라는 추측을 낳게 한다.

유사두더지코쟁이과(*Rhinotalpidae*)가 사전에 알려져 있지 않았고 두더지코쟁이속과 장코쟁이속의 연계성에 어떠한 의구심도 갖지 않았더라면, 현재 통코쟁이과에 귀속되어 있는 동물들이 모두 코쟁이류들이었다는 사실은 짐작도 못했을 것이다. 즉, 이는 몇 mm밖에 되지 않는 매우 작은 생명체에 관한 것이며, 이들의 신체구조가 워낙에 "원시화된" 것이어서 이들이 척추동물에 속할 것이라고는 전혀 생각지 않았다.

첫 번째 속인 온코쟁이에서는 척삭동물로서의 특성이 다음과 같은 특징들 속에 아직 보존되어 있다. 가느다란 척삭은 코 전체와 몹시 퇴화된 몸통을 관통하여 뻗어 있다. 배발생 초기단계의 특성들을 아직도 지니고 있는 폐쇄혈관계가 퇴화되긴 했으나 존재한다. 신장으로는 위에서 언급한 섬모깔때기가 아직 양쪽에 남아 있는데, 이는 내피팽대부로 연결된다. 생식기관이 존재할 경우 — 지금까지는 수컷에서만 — 이 섬모깔때기는 동물의 후미에서 멀지 않은 곳에 위치해 있으며, 그 자리엔 매우 분화된 근육다발이 이곳 말고는 어디에서도 찾아볼 수 없는 뒷다리의 위치를 말해준다. 근육조직은 몸의 돌출부위를 두루뭉술하게 만들어 주는데, 이 부위는 땅 파는 일에 있어 특정한 역할을 한다. 반면, 이 동물은 일련의 구조적 특징들을 통해 척추동물에 대응하는 형질들을 가지고 있는데, 그 가운데 길쭉한 비강은 짧은 직선형 장과 더불어 소화에 관여한다. 이 비강은 맹장이나 대부분의 무척추동물이 갖고 있는 중장분비선(中場分泌腺)[57]과 유사한 기능을 하는데, 번갈아가며 먹이로 채워졌다 비워지곤 한다. 근육은 더 이상 횡무늬근이 아닌 민무늬근이다.

뇌는 매우 심하게 퇴화되었으며, 신경관(神經管)[58]은 초기 배발생 단계에서 이미 두 줄의 측선조직으로 갈라지는데, 그것으로부터 척추 옆에 위치한 두 줄의 신경절이 발달하였으며 이들은 교차 횡연합(交叉橫聯合)[59]을 통해 서로 연결되어 있다. 체강은 결체조직과 완전히 융합되어 형성되었다. 체표는 장코쟁이에서 이미 본 바와 같이 섬모층으로

54 **척삭**(notochord) : 모든 척삭동물(Chordata)의 발생과정 중에 생기는 몸 정중앙의 등쪽 신경관 바로 밑에 있는 막대 모양의 지지기관으로, 척추의 기초가 되며, 원색동물(Protochordata)에서는 일생 동안 볼 수 있으나 척추동물(Vertebrata)에서는 퇴화된다.
55 **원신관** : 무척추동물의 가장 원시적인 배설기관으로, 몸의 좌우에 한 쌍 또는 정중선 위에 일렬로 뻗어 있는 나뭇가지 모양의 세관 계통이다.
56 **뇨생식동**(Sinus urogenitalis) : 단공류를 제외한 포유류에서 발생초기에 형성되는 총배설강이 배출강중격(cloacal septum)에 의해 등과 배 양측으로 분할될 때, 배쪽의 구조를 말한다. 앞쪽은 수뇨관과 생식수관으로, 뒤쪽은 비뇨생식구로 개구하게 되며, 등쪽 구조는 직장이 된다.
57 **중장분비선** : 연체동물이나 일부 절지동물의 중장으로 열려 있는 선상조직으로 소화효소의 생성 및 분비에 관여한다.
58 **신경관** : 척추동물과 원색동물의 발생초기에 신경관의 유착에 의해 형성되는 관상체(medullary tube)를 말한다.
59 **교차 횡연합** : 좌우에 쌍으로 존재하는 신경절에 의해 횡으로 교차적 연락기능을 맡고 있는 신경섬유계를 일컫는다.

덮여 있으며 그 틈새에 역시도 코로부터 기원한 수많은 점액세포가 흩어져 있다. 더욱이 아드레날린성 내피수포 내에 위치한 일련의 불꽃세포들이 매우 긴 섬모를 가지고 있는 것은 특기할 만한 일이며, 이 섬모들은 섬모불꽃과 유사한 형태를 보여준다.

온코쟁이속에 속하는 18개의 종들은 군도 전반에 걸쳐 분포하는데, 이들 중 일부는 목초지 강가의 모래밭에 일부는 모래해안의 기수역에 서식한다. 이동 시 정상적인 운동방향은 꼬리 쪽이다. 두 종, 요술온코쟁이(*Holorrhinus variegatus*)와 피노키오온코쟁이(*Holorrhinus rhinenterus*)는 시냇물에 사는데, 표피기낭(表皮氣囊) 속에서 신경배(神經胚)[60] 상태로 존재했던 갓 태어난 어린 새끼들의 양육은 짐작컨대 매우 성공적이며, 이는 동물의 조직체계에 관해 흥미로운 단서를 제공해 준다. 그 밖에도 이들에게서는 수포 모양의 뇌가 뒤집어 젖혀짐에 따라 눈이(이 동물들은 볼 수 있다) 생겨나지만 이는 단순한 소포안구(小胞眼

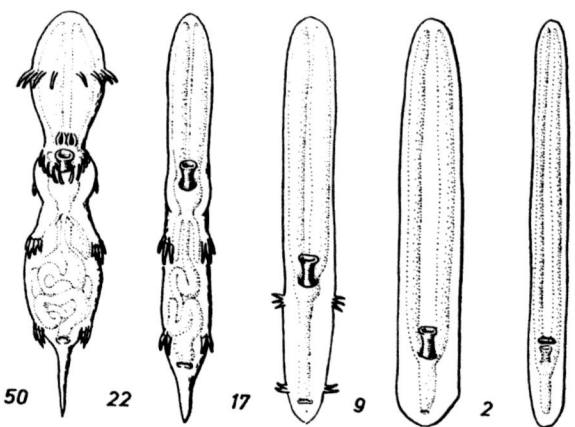

〈그림 8〉 해부학적 서열: 풍선두더지코쟁이(Rhinotalpa Phallonasus) ─ 방망이두더지코쟁이(Rhinotalpa angustinasus) ─ 사기꾼장코쟁이(Enterorrhinus dubius) ─ 모래톱온코쟁이(Holorrhinus ammophilus) ─ 흔적코난장이코쟁이(Remanonasus menorrhinus)이다. 숫자는 총 몸길이를 mm로 나타낸 것이다. 내부기관 중에는 소화관만이 그려 넣어져 있다(MAYER-MEIER 1949).

球)의 단계에 머물러 있다는 것과, 한편으로는 뇌가 2차적으로 공동이 사라져 일종의 넓적한 죔쇠 모양으로 되는데 이것의 주신경절덩이가 식도 좌우에 위치한다는 사실을 또한 보여주었다.

난장이코쟁이속(*Remanonasus*)[30]에 관해서는 지금까지 마이루빌리 섬의 작은 강인 비시–비시(Wisi-Wisi)의 강모래밭에 사는 단 한 종만이 알려져 있다. 이 종은 최대 2 mm 정도의 크기로 벌레 모양을 한 동물이다. 소용돌이벌레 모양의 흔적코난장이코쟁이(*Remanonasus menorrhinus*[31])가 앞서 등장한 속들과의 차이는 무엇보다 항문과 혈관계가 소실된 것이다. 또한 척삭의 흔적 역시 발견되지 않는다. 이들 동물은 유감스럽게도 지금까지 수컷만이 발견되었다. 신장은 더 이상 알아볼 수 있을 만한 섬모깔때기의 형태가 아니라 겉보기에 마치도 원신관처럼 생겼는데, 이들은 양쪽에 각각 긴 불꽃섬모를 늘이고 있는 커다란 섬모세포를 갖고 있다.

여러 분야의 학자들이 이 동물을 코걸음쟁이류라 전혀 생각지 않았던 것은 그리 놀랄 만한 일이 아니다. 뮐러–기르마딩엔(MÜLLER-GIRMADINGEN 1947)은 이들을 *Dendrocoelopsis minutissima*로 기술했으며, 편형동물(Plathelminthes)의 와충강(渦蟲綱, Turbellaria)[61]에 속하는 삼기장목(Tricladida)에 귀속시키려 했었다. 반면에, 마이어–마

---

30   각주 27 참조.
31   **menein gr.** = 머무르다, 남다.
     rhis = 각주 4 참조.
60   **신경배**: 척삭동물의 발생과정에서 원장형성 후에 나타나는 신경판이 신경관으로 될 때까지의 배를 가리킨다.
61   **와충강**: 주로 바다에 서식하며 대부분 자유생활을 영위하는 편형동물이다. 장의 유형에 따라 무장류(Acoela), 봉장류(Rhabdocoela), 이장류(Allocoela), 삼기장류(Tricladida) 및 다기장류(Polycladida)로 구분된다.

이어(MAYER-MEIER 1949)는 직접 수행한 세심한 조직학적 연구를 통해 무엇보다 점액세포들을 전형적인 삼기장류 유형의 것으로 간주할 수 없음을 보여줬다. 그럼에도 불구하고 그는 물론 몇몇 구조적 특징들이 삼기장류 유형의 소용돌이벌레[62]와 매우 유사하다는 사실을 인정할 수 밖에 없었으며, 동시에 삼기장류가 난장이코쟁이 유형으로부터 유래했을 수도 있다는 가설을 완전히 부인할 수도 없었다. 삼기장류에서 정소(精巢)[63]가 겉보기에 거꾸로 선 듯한 형상을 취하는 것은 — 사전지식이 없는 이들에겐 우선은 생소한 — 통코쟁이류들이 뒤쪽방향을 향해 기며 그들의 몸통 후미는 생리학적으로 몸의 앞쪽 역할을 한다는 사실로부터 어렵지 않게 이해된다. 더욱이 형태학적 계열에서의 과도기유형이 보여 준 바와 같이 장체계를 우선 땅코쟁이류의 장과 비강의 합체로부터 유추해내게 되면 장체계의 형태는 그런대로 온전하게 이해된다(그림 8).

이 모든 질문은 물론 성숙한 암컷의 생식기를 가진 동물이 발견되고 나서야 비로소 답변 가능할 것이다. 이 생식기가 삼기장류나 나아가 와충강에서 그토록 복잡하다는 사실은 결국 이들이 더욱 고도로 분화된 동물의 후손임을 이미 암시한 것이라 하겠다. 레마네(REMANE 1954) 역시 이를 강조했으나, 와충강을 환형동물(Annelida)로부터 유래한 것으로 해석하고자 했다. 슈툴텐(STULTÉN 1955)은 최근 들어 봉장류(Rhabdocoela)[61]가 환형동물로부터 유래되었을 수는 있으나, 어찌 되었거나 삼기장류나 이로부터 유래한 것으로 간주되는 다기장류(Polycladida)[61]들이 코걸음쟁이류를 공동조상으로 삼는다는 가설에 관심을 보이고 있다.

다리코쟁이족(Sclerorrhina, Nasenbeinlinge)은 코걸음쟁이 가운데 일련의 가장 독창적이고도 아름다운 종들을 선보인다. 이들은 도약기관, 즉 코다리로 되어버린 나자리움[32]을 이용하여 힘찬 뛰엄질을 해낼 수 있는 공통점을 가지고 있긴 하지만, 이 뛰엄질은 무게중심관계로 하여(삽화 V) 후방으로 진행된다.

가장 원시적인 상태는 나무코뛰엄쟁이(Baumnasenhopfen, Perihopsiden[33])에서 나타나는데, 이들의 다리는 일반원시코쟁이족(Archirrhiniformes)의 그것과 유사성을 아직도 선명하게 가지고 있다. 반면에, 엄격한 의미의 뛰엄코쟁이인 뛰엄코쟁이과(Hopsorrhinidae)는 전형적인 진보유형으로 간주되는데, 이들의 뒷다리는 넓다리뼈[64]와 정강뼈[65]가 빈약한 흔적만 남을 정도로까지 사라져버렸으며, 코는 유일한 이동도구로서의 기능을 맡고 있다. 유사양귀비코쟁이과(Orchidiopsidae)에서는 한 장소에 보다 더 고정된 생활방식과 연계되어 마침내 코가 2차적으로 유연해졌다.

32 각주 5 참조.
33 **perí gr.** = 빙 둘러, 둘레에
   hopsos = 각주 4 참조.
62 **삼기장류 유형의 소용돌이벌레** : 플라나리아류를 말한다.
63 **정소** : 정자를 만들고 웅성(雄性) 호르몬을 분비하는 조직으로 포유류의 음낭(陰囊)이 이에 해당한다.
64 **넓다리뼈** : 대퇴골(大腿骨)
65 **정강뼈** : 경골(脛骨)

아족: Hopsorrhinida (뛰엄코쟁이류 *s. l.*)
과: Amphihopsidae (양방뛰엄코쟁이과 또는 나무코뛰엄쟁이과)
속: Phyllohoppla (나뭇잎뛰엄쟁이)
2종
과: Hopsorrhinidae (뛰엄코쟁이과 *s. str.*)
속: Hopsorrhinus (이빨뛰엄코쟁이)
14종
속: Mercatorrhinus (빨대주둥이뛰엄코쟁이)
11종
속: Otopteryx (날귀코쟁이)
1종
과: Orchidiopsidae (유사양귀비코쟁이과)
속: Orchidiopsis (양귀비코쟁이)
5종
속: Liliopsis (백합코쟁이)
3종

양방뛰엄코쟁이(Vornewiehintenhopfe)들은 원시림에 서식하는 동물로 나무꼭대기에서 사는데, 그곳에서 그들은 가지에서 가지로 뛰어다니거나 가지를 따라 느릿적거리며 편안하게 나무를 타고 기어오르곤 한다. 그들은 작달막한 크기의 생물체인데, 대개의 외코쟁이류 코걸음쟁이들이 그렇듯이 생쥐만 한 크기이며 곤충을 잡아먹고 산다.

몸통과 다리는 아직도 일반원시코쟁이류의 많은 특징들을 보유한 반면, 큰 눈을 가진 커다란 머리에는 관절이 있어 굴신이 자유로운 코가 눈에 잘 띄는데, 이 코는 배면 말단부위에 발바닥판(Sohlenplatte)을 가지고 있으며, 강력한 안면근육과 신근(伸筋, Musculus longissimus nasarii)을 이용하여 움직인다.

슈툴텐에 의하면 신근은, 가슴척수신경의 신경망삽입이 증명하듯

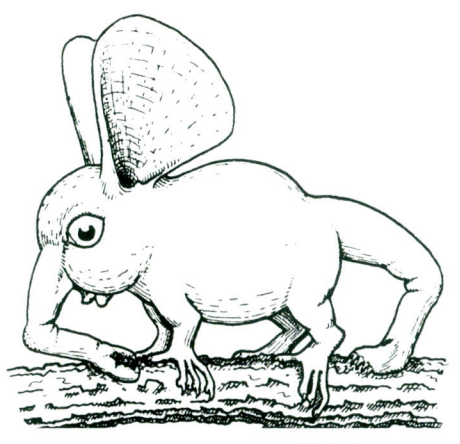

〈그림 9〉 밤볼라뛰엄코쟁이 (Orig.)

이, 앞쪽으로 늘어난 M. l. dorsi 및 M. l. thoracis로부터 기원한 것이라 한다(그림 11). 꼬리 역시도 코처럼 특이하게 생겼는데, 이 또한 대단한 근육질이며 강력하고, 말단 부위에 형성되어 있으며 억센 강모로 무장된 발바닥판으로 거친 바닥에서 꼬리를 떠받치고 있다(그림 9).

코걸음쟁이에서는 애초부터 늘상 원시적인 형태로 유지되고 있는 다분지성 꼬리근육 — 트루화구라(TRUFAGURA 1948)와 이체카(IZECHA 1949)가 이미 지적했던 가장 원시적인 특징 — 과 함께 무엇보다 꼬리신근의 기능을 하는 M. iliocaudalis가 있다. 코와 꼬리를 써서 나무코뛰엄쟁이(Perihopsiden)들은 엄청나게 빠른 속도로 리아넨덤불 숲을 사방으로 휘저으며 뛰어다니는데, 이들이 전후방 및 측방으로 신속하게 방향을 바꾸어 뛰어다니는 탓에 그들을 잡기란 매우 어려운 일이다. 그들의 민첩성이 쉽게 잘 이해되지 않는 이유는 그들에게 있어 천적은 거의 없는 것이나 다름없기 때문이다. 어쨌든 이들은 작은 무리를 지어 살며, 이 무리 안에서는 지속적으로 사냥이나 추적, 또는 도피행위 등이 관찰되는데, 이 도피행위는 아마도 사회학적 의미가 아직 확연히 밝혀지지 않은 서열싸움과 관계있는 듯하다. 더불어 이 동물의 유연성은 당연히 먹이를 구하는

데 기여하고 있는데, 이는 그들이 거의 대부분 뛰어올라 재빨리 낚아채야만 하는 날아다니는 곤충을 주로 잡아먹고 살기 때문이다.

뛰엄코쟁이과는 앞서 거론된 무리들과는 달리 땅바닥에 산다. 이미 언급했듯이 그들에게서 뒷다리는 위축되어 겉으로는 보이지 않는다. 코는 나무코뛰엄쟁이과에서보다 더욱더 분화가 진행되어 세 개의 마디를 가지게 되었다. 머리에는 비경(鼻脛)[66]과 마디로 연결되어 있는 비퇴(鼻腿)[67]가 자리 잡고 있으며, 비경에는 연이어 자유비성(自由鼻性)[68] 코가락뼈[69]가 연결되어 있다. 비경과 비퇴는 두 갈래의 특화된 M. extensor nasipodii를 이용해 뻗치는 데 반해, 코가락뼈는 얼굴근육으로 움직여지며, 코다리[70](자유비뿐만 아니라 고착비, 둘 모두를 일컫는 코다리를 말한다)의 Flexores longi와 F. breves 역시 얼굴근육으로부터 기원한다.

몸통은 캡슐 형태로 뻣뻣한데, 이는 척추골의 교착(膠着)[70]과 흉골(胸骨) 및 치골(恥骨) 관형돌기(管形突起)[34]에 의한 복면경직에 따른 것이다. 앞다리는 움직임이 수월한 포획기관이다. 꼬리는 움직여 이동하기 위해서가 아니라 먹이를 움켜잡는 데 쓰이며, 먹이는 옆새우류, 쥐며느리류나 상부조간대에 서식하는 작은 집게 종류들로 이루어져 있다. 그에 걸맞게 기둥 발바닥은 움켜잡는 집게로 변형·분화되었는데, 그 발톱은 변형되어 유착된 털로 이루어져 있으며, 그 단면을 보면 리노쎄로스[71](*Rhinoceros*) 각질 조직의 조직학적 형태가 드러난다. 뛰엄코쟁이(Nasenhopfe)들은 이 꼬리로 아주 능숙하게 먹이를 좁은 틈새나 은신처에서 끄집어낸다. 뛰엄질은 평상시 이동속도로는 대개 몸길이의 1.5배 정도를 기록하나, 도망을 간다거나 짝이나 경쟁상대를 뒤쫓거나 추적할 때는 몸길이의 거의 10배에 달한다. 이 뛰엄질은 일상적으로는 뒤쪽을 겨냥하는데(삽화 VI), 이의 진행방향은 커다란 귀의 미세한 움직임에 의해 영향을 받는다.

뛰엄코쟁이는 가장 흔하게 마주치는 코걸음쟁이에 속한다. 이들은 산호부스러기, 범람원(汎濫原)72의 모래밭이나 화산성 또는 퇴적형 암반잔해 등등 해변의 도처에 서식한다. 이들에게서는 강한 수컷이 작은 규모의 암컷무리, 즉 하렘(Harems)을 이끌며, 약한 수컷들을 내쫓아버리는 것처럼 보인다. 반면, 암수의 차이는 매우 미미해서 야외관찰을 통해 무리 가운데 낱낱의 행동양태를 분석하는 일은 지금까지도 불가능하다.

슈툴텐은 뛰엄코쟁이과의 첫 번째 두 속을 하나의 유일한 속인 이빨뛰엄코쟁이속으로 귀속시켰다. 반면에 브로멍뜨는 최근 들어 빨대주둥이뛰엄코쟁이속(*Mercatorrhinus*35)은 이빨뛰엄코쟁이속으로부터 분리되어야 한다는 결론을 내리고 있다. 이빨뛰엄코쟁이종들은 모두가 위에서 기술한 방식으로 섭식을 하며 이 같은 맥락에서 역시도 원시적인 치열을 가지고 사용하는 데 반해(그래서 독일어식 표현으로는 "이(齒)를 가진 뛰엄코쟁이"라고도 한다), 빨대주둥이뛰엄코쟁이종들은 딱딱한 먹이를 포획할 능력이 더 이상 없으며 이미 앞서 기술한 기둥코쟁이속의

34 관형돌기(Processus styliformis)는 새로 생겨난 형태로서, Pro- 또는 Epipubis와 무관하며, 더욱이 단공류(Monotremata) 또는 이델피형목 (Didelphimorphia, 유대류의 한 목)의 Os marsupialis와의 연계성은 전혀 밝혀진 바가 없다.
35 각주 17 참조.

66 **비경**(Nasibia) : 정강이 역할을 하는 코의 부위를 일컫는다.
67 **비퇴**(Nasur) : 대퇴부 역할을 하는 코의 부위
68 **자유비성** : 자유롭게 움직일 수 있는 코를 말함.
69 **코가락뼈**(Rhinangen = Nasanges) : 손가락이나 발가락처럼 코 마디를 이루는 뼈들을 통칭. 이 단어는 손가락이나 발가락의 마디뼈(Phalangen)를 의미하는 'Phalanx'를 모델로 만들어진 용어이다.
70 **교착** : 뼈와 뼈가 붙어 굳어버린 현상
71 **리노쎄로스** : 코뿔소의 한 속
72 **범람원** : 홍수 때 강물이 평상시의 물길에서 벗어나 범람하는 범위 안에 위치하는 들판을 말한다. 충적평야의 일종으로, 흙, 모래 및 자갈 등이 퇴적되어 이루어지며, 하중도(河中島)라고도 한다.

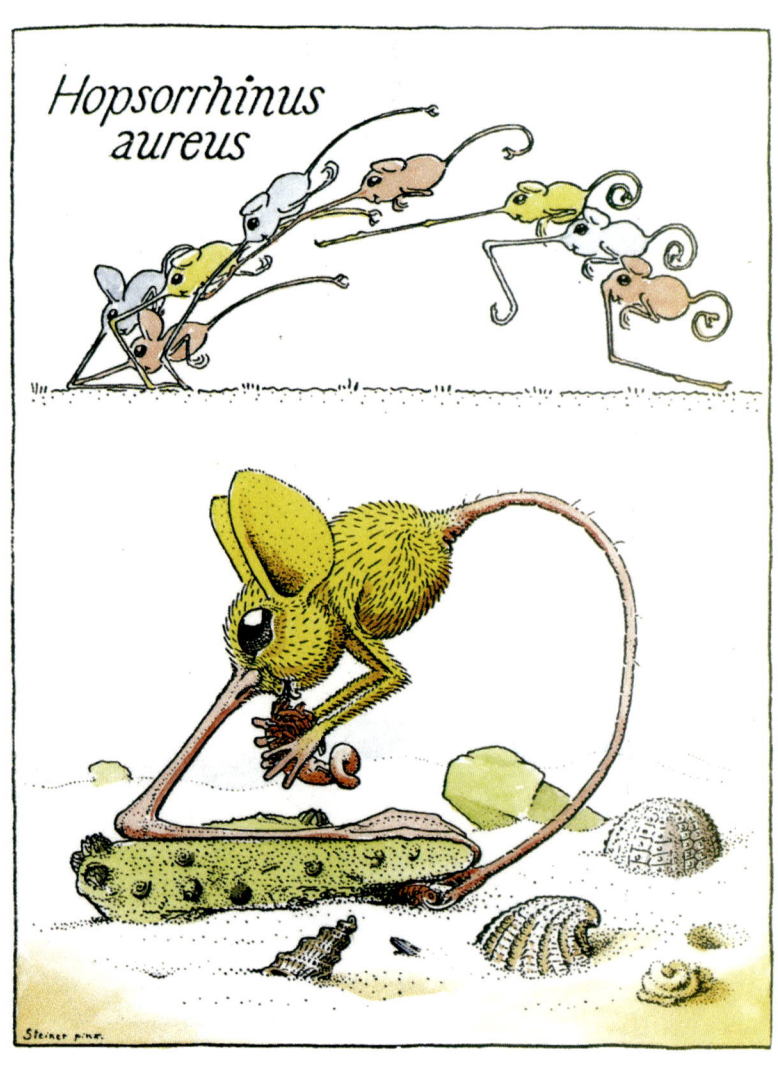

〈삽화 VI〉 황금코뛰엄코쟁이

기둥코쟁이들과의 공생방식에(41~42쪽) 완전히 의존하고 있다. 이는 구강 형성 — 치아상실, M. masseter와 M. temporalis의 퇴화 — 에서뿐만 아니라, 앞다리의 위축에서도 또한 나타난다. 이 같은 퇴화현상과 병행하여 이 동물들은 그들의 공생방식와 연관하여 자가선택영양성(自家選擇榮養性)[73] 유형들에게는 없는 몇 가지 능력을 획득하게 된다. 예를 들어, 이들은 옆으로 겹쳐 말아놓은 꼬리 위에서 휴식을 취하곤 하는데, 이 같은 행동은 먹이를 전해주고 나서 기둥코쟁이 옆에서 먹이를 먹기 위해 자리를 잡을 때마다 늘상 행해진다(그럼에도 불구하고 브로몡뜨의 논지는 연구자들에게는 그리 설득력 있어 보이질 않는다. 따라서 빨대주둥이뛰엄코쟁이속에 관한 의문들은 슈튐프케의 선행연구방식에 따라 결론을 내리지 않은 채 남겨져 있다).

도입부에서 이미 언급했듯이 모든 빨대주둥이뛰엄코쟁이들은 기르기가 수월한데, 이는 대체먹이를 손쉽게 마련할 수 있는 탓이다. 즉, 기둥코쟁이의 젖이 비교적 당분이 풍부하고 지방분이 적어 사람의 젖과 거의 비슷한 덕분에 어렵지 않게 유아용 분유를 먹이로 줄 수 있기 때문이다. 하지만 이 같은 방식은 오로지 이 동물의 행동양태에 관한 상세한 연구를 통해 알려진 요령을 사용할 때에만 적용 가능한 일이다.

그런 빨대주둥이뛰엄코쟁이가 허기질 때는 우선 그들의 먹이탐색 성향이 발동된다. 이 동물은 주변을 배회하면서 앞서 언급한 게를 잡기 위해 꼬리로 가늘게 째진 틈이나 홈을 쑤셔댄다. 먹이를 잡으면 기둥코쟁이들 가까이로 조심스럽게 다가가 특유의 뛰엄질을 하여 그들이 알아차리도록 만든다. 우선 기둥코쟁이가 가까이에서 꿀꿀거리는 소리를 내

---

73 **자가선택영양성(idiotroph)** : 종속영양성(heterotroph)의 한 유형으로 먹이를 스스로 선택할 능력을 갖춘 영양방식을 말한다. 이는 동물행동유형의 기술과 연관된 영양유형으로 '의존적 먹이선택성향'에 반하는 개념이다.

면, 빨대주둥이뛰엄코쟁이는 기둥코쟁이의 복부 쪽으로 좀 더 가까이 다가간다. 기둥코쟁이는 그 나름대로 어떤 동물이 접근할 때 그의 종축을 중심으로 끊임없이 몸을 돌려서는 임의의 공격자를 향해 언제고 악취분비선으로부터 분비액을 방사할 준비를 하고 있다.

빨대주둥이뛰엄코쟁이는 그렇게 다가가서는 좌우로 계속하여 측방 뛰엄질을 하는데, 이 행동은 기둥코쟁이로 하여금 그를 잘 볼 수 있게 하기 위해서이다. 도중에 코로 서서 쉬기도 하는데, 이때 살아서 팔팔거리며 이리저리 꿈틀대는 먹이를 꼬리를 이용해 높이 쳐든다. 기둥코쟁이가 종축회전을 멈추고 길게 글그렁거리는 소리로 킁킁거리고 나서야, 빨대주둥이뛰엄코쟁이는 복부 쪽으로 아주 가까이 다가가서 꼬리로 교환물품인 먹이를 건넨다. 그러고 나면, 기둥코쟁이는 먹이가 싱싱한지를 확인한다. 그렇지 않은 경우, 기둥코쟁이는 즉각 방어자세를 갖추고는 먹이를 가져다 준 동물에게 악취분비물을 내뿜는데, 이때 재빠른 뛰엄질로 그 전에 안전하게 피하지 않으면 당하게 된다. 소위 "물품"이 하자 없이 통과되었을 때만이 기둥코쟁이는 빨대주둥이뛰엄코쟁이에게 젖을 준다. 빨대주둥이뛰엄코쟁이는 작게 한 번 뛰어서는 옆으로 말아 놓은 꼬리로 버티고 서서 몸을 구부린 다음 젖을 먹기 시작한다.

가둬 기른 빨대주둥이뛰엄코쟁이들에게서 기둥코쟁이 없이는 그들을 기를 수 없다는 사실이 처음으로 밝혀졌다. 다른 한편으로는 적합한 먹이를 구하기가 어렵기도 하다. 하지만 기회관찰을 통해 빨대주둥이뛰엄코쟁이가 앞서 언급한 인공 젖을 잘 먹는다는 사실을 보여주었기 때문에 우선 강제로 먹이를 먹일 수는 있으나, 이것은 까다로운 일이며 또한 강제로 먹이를 투여하는 과정 중에 이 팔팔한 동물은 쉽게 치명상을 입을 수도 있다. 오로지 정형화된 "거래의식"에 대한 세심한 관찰만이 해결책을 모색케 해준다. 그러니까 빨대주둥이뛰엄코쟁이 역시 기둥코쟁이를 위한 적절한 먹잇감을 찾지 못했을 때 가끔씩 젖을 빠는 시도를 한다는 사실을 보여줬다.

〈삽화 VII〉 젖무덤기둥코쟁이와 힐레이뛰엄코쟁이

방금 위에 언급한 기둥코쟁이의 "격분한" 무기는 기둥코쟁이가 이전 식사 때 충분히 먹어 아직 배가 부르거나 젖이 너무 불어 짜내어주면 기분이 좋아진다거나 할 경우에는 잠잠하다. 그 같은 경우 "속임수에 능한" 빨대주둥이뛰엄코쟁이는 예를 들어, 집게가 들어있지 않은 빈 소라껍질을 가져다주고는 젖을 먹게 된다. 이런 경우가 아니고는 빨대주둥이뛰엄코쟁이는 사전에 온전한 "거래" 의식을 치러야만 젖을 먹는다. 즉, 젖을 먹기 전에 이 동물은 "먹이"를 잡아야만 하고, 기술한 접근 무희에 따라 먹이를 넘겨주어야만 한다. 이 밖에 기둥코쟁이 모형은 위로 갈수록 뚱뚱해지고, 곤봉처럼 생겨야 하며, 노랑색을 띠고, 아래쪽 1/3 정도에 위치한 눈 모양의 얼룩(眼點)들이 있고, 식식거리는 소리를 내며, 암소유형의 젖이 나는 등의 특징들을 가지고 있어야만 한다. 더욱이 이들 모형은 "먹이"를 넘겨받아야만 한다.

비트브레인의 한 동료는 이러한 요구들을 만족시킬 수 있는 비교적 간단하면서도 전자식으로 조정 가능한 모형을 제작했다. 이 모형은 시간당 최대 80마리의 빨대주둥이뛰엄코쟁이를 수유할 수 있다. "먹이"로는 빈 소라껍질이 사용되는데, 이것은 기둥코쟁이 모형에 의해 넘겨받아진 후 중력에 의해 우리 안의 홈 패인 바닥 아래로 굴러 떨어져 빨대주둥이뛰엄코쟁이가 그곳의 틈바구니를 통해 다시 끄집어낼 수 있게 되어 있다.

초기 사육과정에서 심각한 훼손을 야기했던 특이한 빨대주둥이뛰엄코쟁이벼룩들은 이중바닥의 덮개에 바르는 아교끈끈이종이를 이용해 효과적으로 퇴치할 수 있다(DDT나 다른 살충제는 빨대주둥이뛰엄코쟁이에게는 너무 독성이 강하다).

날귀코쟁이(Flugohr)인 펄럭날귀코쟁이, *Otopteryx volitans* B. d. B. (=*Hopsorrhinus viridiauratus*[36] Stu.)는 그가 속한 속의 유일한 대표종으로서, 그의 형태에서 변형된 뛰엄코쟁이임을 어렵지 않게 알아볼 수 있다(삽화 VIII). 이 동물이 기본적으로 그의 소위 사촌들과 구분되는 대목은 다름 아닌 엄청나게 큰 귀와 귓바퀴를 움직이는 근육의 비행 능력과 연계된 분화 및 강화현상에 있다. 또 다른 차이점인 축소된 꼬리는 구조적 차이로서 그리 큰 비중을 차지하진 않는다.

날귀코쟁이(*Otopteryx*)는 다른 모든 부분에서는 전형적인 뛰엄코쟁이인 탓에 슈툴텐은 다른 속으로부터 이를 분리해내는 데 주저했었다. 어찌되었건 앞서 언급한 것에 덧붙여, 독립된 하나의 속으로 정립하기 위해 내세울 수 있는 특징은 다음과 같다. 나자리움이 온통 가늘고 연약하게 형성되었다는 점이다. 코가락뼈를 움직이는 근육이 부분적으로 퇴화된 결과, 이 동물은 평탄치 않은 땅에서는 뛰엄코쟁이가 하듯 세련된 동작으로 움직일 수가 없다. 한편 코가락뼈의 외전근(外轉筋)[74]은 유난히 강력한데, 이것은 방향키꼬리의 기능을 하는 자유비를 쫙 펴는 데 쓰인다. 머리에는 아직도 특이한 경골(硬骨)볏 구조와 ― 이근(耳筋)의 연결부착부위 ― 경골이 아닌 석회질이 경화된 섬유연골로 이루어진 Os alae auris가 있으며, 더욱이 언급한 경골성 볏의 안쪽과 아래쪽에는 공기를 소통시킬 수 있는 부비강이 형성되어 있다. 뛰엄코쟁이과에서처럼 날귀코쟁이 역시 공통적으로 대부분의 몸통표피에서 털이 자라나는 방향의 역전현상을 볼 수 있다.

다리코쟁이족(Sklerorrhina)에 속하는 여타 일반적인 대표종들의 털은 이미 금속성이나 텅스텐 광택을 지니고 있으며, 날귀코쟁이에서는 이 같은 털빛이 열대성 나비류나 벌새류에서의 광택에 비견될 만한 현란한 광택을 내는 탓에 강력한 인상을 심어준다. 때문에 이 동물이 매우 빠른 속도로 귀를 팔락이며 꽃으로 뒤덮인 산악초원지대를 윙윙 낮게 비행하면서 잠자리나 다른 곤충을 추적하거나 같은 부류의 다른 코쟁이

36　**viridi-auratus l.** = 초록–황금색의

74　**외전근** : 수족을 몸통에서 바깥쪽으로 벌리는 데 쓰이는 근육

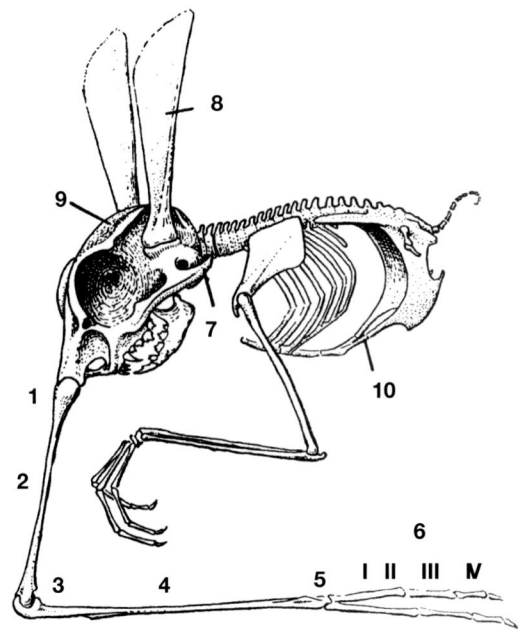

〈그림 10〉 펄럭날귀코쟁이의 골격계:
1. Articulatio nasofrontalis **2.** Nasur **3.** Articulatio deutonasalis
4. Nasibia **5.** Articulatio carponasalis **6.** Rhinanges (= Nasanges) I-IV
7. Processus jugalauris **8.** Os alae auris (= Cartilago aeroplana)
9. Christa temporalis **10.** Processus pubici. (Orig.)

들과 장난기 어린 비행을 하느라 푸른 하늘로 급작스런 부상을 시도할 때는 대단히 아름다운 광경이 연출된다. 귀를 빳빳하게 세울 수 없을 만큼 갓 태어난 어린 새끼들이 꽃들 주변에서 작은 곤충들을 잡아보려고 안간힘을 쓰며 실잠자리(*Callopteryx*)처럼 이리저리 나풀거리는 모습은 참으로 귀엽기까지 하다.

　여기서 특이한 것은 날귀코쟁이는 뒤쪽방향으로 날아다니는데, 이는 날귀코쟁이의 비행방식이 뒤로 뛰엄질을 하는 뛰엄코쟁이의 활강동작으로부터 유래된 것이라는 사실을 상기해보면 역시도 자연스레 수긍이 갈 것이다.

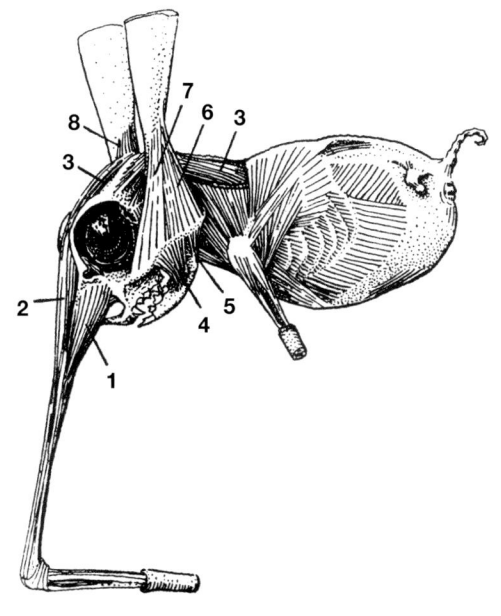

〈그림 11〉 펄럭날귀코쟁이의 근육계:
1. M. lacrymonasuralis   2. M. extensor nasipodii superficialis
3. M. extensor nasipodii longus   4. M. masseter
5. M. depressor mandibulae   6. M. aeroplano-jugalauris posterior
7. M. aeroplano-jugalauris anterior   8. Lavator aeroplanae (3번 오른쪽에 위치한 M. extensor nasipodii는 M. trapezius cervicalis의 부분적인 결손에 따라 드러나곤 한다.) (Orig.)

날귀코쟁이들의 이착륙은 더욱 독특하다. 이 동물은 먼저 그의 꺾어진 코에 엎어져 쉬다가 우선 귀를 "쫑긋"하게 수직으로 위를 향해 서로 비빌 수 있을 정도로 세운다. 그런 다음 후비관절(後鼻關節)[75]을 조금 더 세게 꺾어 들이는데, 이는 단지 위쪽으로의 뜀질이 좀 더 가파르게 진행된다는 차이점을 제외하고는 각각의 단계가 이빨뜀엄코쟁이(삽화 VI

---

75 **후비관절** : 평소 이동 시 진행방향인 코의 뒤쪽으로 형성된 관절을 말한다.

의 위쪽 그림)들에서처럼 유사하게 진행된다. 뛰엄질이 정수리 높이에 이르기 직전 귀를 아래로 날갯짓하듯 힘차게 내려친다. 뻗친 코는 자유비를 부풀려 펼쳐지고, 그러고는 이 동물은 날아오른다. 이 단계들은 오직 고속 촬영을 통해서만 분석 가능하다.

비행 자체는 매우 변화무쌍하다. 비행에 능숙한 곤충을 추적할 때나, 혹은 장난삼아 날아다닐 때는 매우 긴 거리를 신속하게 주파하는데, 이때 귀로는 쉬지 않고 초당 대략 10번의 날갯짓을 한다. 탐색 비행 시에는 진폭은 작으나 마찬가지로 빠른 날갯짓을 짧은 공중정지비행과 번갈아가며 한다. 신선한 바람이 불 때면 날귀코쟁이 역시 섬의 경사면에서 오랜 시간 동안 활공하는 데 익숙하다. 물론 공중으로는 그리 높이 날아오르지 않으며 대개 20 m 정도를 상회하는 높이에 머무른다. 이 동물의 착지는 특이한데, 이들은 코가 발과 방향을 조절하는 꼬리의 중복역할을 수행해야 하는 탓에 더욱 곤란을 겪게 된다. 날귀코쟁이가 착지하려 할 때 대개는 가파른 활강으로 착지지점에 접근하게 되는데, 이때 귀는 대개 등쪽으로 다소 치우친 채 코방향으로 위치를 잡게 된다. 땅 가까이서 갑자기 약간 뒤로 치우친 수평자세를 취하게 되는데, 이 자세는 동물이 갑자기 다시 위로 치솟는 도약으로 바로 이어져 꼬리방향키로 — 즉, 콧부리가 — 거의 땅을 스치게 된다. 귀가 활처럼 심하게 부풀려지는(Musculi inarcantes[37] auris) 이 자세는 동물로 하여금 고도와 속도를 줄여가면서 한 번 더 짧은 거리를 땅 위로 떠 갈 수 있게끔 해준다. 그리고 나서는 급작스레 코에 있는 방향키 역할을 하는 가죽을 접고는, 코를 배쪽으로 치면서 귀를 위로 접은 다음 뒤쪽으로 쭉 뻗은 코 위로 탄력적으로 내려앉는다. 착지의 이 마지막 단계는 넓은 의미로 뛰엄코쟁이의 낮은 도약에 비견된다(삽화 VI의 위쪽 그림, 6~8단계).

형태학적 관점에서 볼 때, 날귀코쟁이에게서 나타나는 이동방식의 문제점에 대한 해결방안은 동물계에서 비행 능력을 지닌 여타 동물들과의 비교에 있어 과감한 도전장을 내밀 정도로 매우 이색적이다. 진정한

날짐승은 — 코걸음쟁이의 경우를 제외하고 — 동물계를 통틀어 오직 네 번에 걸쳐 등장하는데, 곤충, 익룡, 조류(鳥類) 그리고 박쥐가 바로 그들이다. 이들 가운데 보행을 방해 받지 않은 채로 비행기관이 추가된 곤충은 실제로 완벽한 해결책이다. 날개는 비록 달음질 동작에 있어 본래 "도둑맞아 없어진" 것이나 다름없긴 하나, 새들에게는 두 발로 걷는 일(二足步行)이 땅에서나 공중에서나 커다란 활동영역의 확보를 가능케 해주었다.

익룡과 박쥐들에게 있어서의 비행능력은 걷는 동작을 포기함으로써 생겨났다. 따라서 이들 두 무리는 방금 언급한 이유로 완벽한 경쟁력을 지닐 수 없었으며 현재도 그러하다. 날귀코쟁이에게서의 이 같은 상황은 곤충에게서 그러했던 만큼의 편리함을 가져다준 것이라 볼 수 있는데, 즉 귀는 근본적으로 추가된 비행도구라는 것이다. 아무튼 날귀코쟁이들은 앞서 일어난 부속지의 퇴화과정들을 보건데 한쪽 방향으로만 강력하게 특수화된 동물군으로부터 파생된 것이라 할 수 있다.

또 코로 이루어진 외다리현상(※Monopodie※)을 보여주는 이 동물들은 아마도 뛰어다니는 새들에 비견될 만하다 할 것이다. 날귀코쟁이는 어찌되었건 익룡이나 박쥐에 반해 분명 유리한 입지를 갖는데, 이것은 이 동물이 매우 민첩하게 뛰어다닐 수 있으며 코가 비행에 가담함으로써 육상에서의 동작으로부터 앞다리처럼 그리 동떨어지진 않았기 때문이다. 그들이 대륙서식성 동물들과의 첨예한 경쟁에 노출됐었는지는 미지수다. 어쨌든 그들에겐 섬에서는 진정한 의미의 적이란 없다. 이곳 텃새인 대롱소리쟁이새(Röhrenschreivögel)든 일정시간대에 해변에 집결하는

※ **Monopodie** ※ : 연관성은 있으나 학계에서 인정받지 못해 이론적으로 논란의 여지가 있는 용어.

37 **inarcare l.** = 활같이 부풀다.

〈삽화 VIII〉 펄럭날귀코쟁이

바다새든 간에 비행 도중에 그들을 재빨리 잡아챌 수 있는 능력을 가진 동물은 없다. 이는 또한 임신한 암컷을 마주치는 경우가 매우 드물다는 사실과 일맥상통한다. 어쨌든 임신기간은 뛰엄코쟁이과 동물들에서와 같이 매우 짧으며, 항상 단 한 마리의 새끼만을 길러낸다(HARROKERIA U. IRRI-EGINGARRI). 암컷은 매년 두 마리의 새끼를 낳아 기르는 것으로 추정된다.

날귀코쟁이는 늘 겁이 많다. 그리고 야생적인 뛰엄질이나 비행시도를 하다가 척추 끝의 엉덩이를 부딪쳐 생긴 상처가 바로 감염되어 죽는 탓에 가두어 기를 수가 없다.

유사양귀비코쟁이(Orchidiopsidae)과 동물들에게선 지상(地上) 서식방식을 수상(樹上) 서식방식으로 전환한 뛰엄코쟁이류 선조의 흔적을 찾아볼 수 있으며, 더구나 이들은 이미 뛰엄코쟁이의 퇴화, 무엇보다 뒷다리의 소실(消失)을 드러내보였다. 따라서 민첩하게 기어오를 수 있는 동물은 더 이상 생겨날 수 없었다. 그 대신, 이 동물들이 더 이상 뛰어다니지 않고 앞다리와 꼬리를 이용하여 천천히 기어오르는 등의 임의의 발달이 분명 진행되었을 것이다. 움직일 수 있는 코다리를 가진 대표종은 이제는 더 이상 존재하지 않는다. 또한 오늘날 생존하고 있는 양귀비코쟁이종이나 백합코쟁이종들은 그들의 생활습성이나 신체구조에 있어 이미 매우 특수하게 발달되어 버린 탓에 뛰엄코쟁이로부터의 분기(分岐) 가능성은 우선적으로 고려되지 않았다(GAUKARI-SUDER, BOUFFON 및 GNIOPOULOS).

그러는 동안 사람들은 몇몇 계통발생학적 자료들을 수집할 수 있었고, 그 자료들로부터 반박의 여지없는 결론을 도출해 냈다. 그 결론이란 양귀비코쟁이 코의 비퇴와 비경이 코가락뼈와 마찬가지로 배발생 단계에서 나타났다 후에 다시 흡수되는 고로, 결국 다 자란 동물의 코는 2차적으로 유연해진 것으로 표기되어야만 한다는 것이었다(1953년 부횡과 짜파르테깅가리(ZAPARTEGINGARRI)는 이렇게 기술하고 있다. "배아기의 양귀비코쟁이는 비퇴와 비경을 모두 갖추고 있으나 발생과정 중(배아의 크기는 15~18 mm) 이들은 진행성 유연화과정을 겪으며, 갓 태어난 동물에게서는 납작해진 꽃잎모양의 나자리움에서 골격화가 진행된 듯한 어떠한 흔적도 더 이상 보이지 않는다").

유사양귀비코쟁이과의 구조적 특성에 관한 보다 광범위한 설명은 무엇보다 부횡과 그의 학자들 덕분이다. 그렇게 부횡과 로-이비라쩨-수두르(LO-IBILATZE-SUDUR)는 양귀비코쟁이(*Orchidiopsis*)종에서는 유인분비물(*mucus attirant*)이 코의 표피로부터 만들어지는 것이 아님을 밝혀낼 수 있었다. 코의 표피에는 여기서 문제가 될 만한 어떠한 분비세포도 존재하지 않는다. 오히려 유인분비물은 콧구멍을 따라 아래쪽에 발달한 광범위한 분비선영역으로부터 공급되며, 앞발을 이용하여 코의 위쪽 면에 펴 바른다. 더욱이 이 두 학자는 양귀비코쟁이 꼬리의 움켜쥐는 기작은 이빨뛰엄코쟁이의 그것과 상동적 형태를 지니고 있음을 입증할 수 있었다. 마침내 부횡의 제자인 아스타이데(ASTEIIDES)는 유사양귀비코쟁이과 동물의 코에는 배발생과정 중 뛰엄코쟁이류 코걸음쟁이(hopsorrhinen Rhinogradentier)들에겐 매우 특징적인 위상을 지니는 M. extensor nasipodii의 흔적이 남아있음을 증명하기에 이른다.

유사양귀비코쟁이과에서 가장 잘 알려진 대표종은 바닐라향을 내는 앙켈의 양귀비코쟁이로 능청양귀비코쟁이(*Orchidiopsis rapax*[38])를 들 수 있다. 이들은 미타디나섬의 숲에 사는데, 키 큰 나무꼭대기 정도의 층상 고도를 주로 선호하나, 바람에 쓰러진 수목이 쌓이거나 홍수로 인한 숲 속 빈터 등이 생겨날 만한 적정 고도에서도 역시 서식한다(삽화 IX). 평상시 이 동물은 정지한 듯 움직이지 않으며 자신의 꼬리로

---

[38] **rapax l.** = 육식(약탈)을 선호하는

〈 삽화 IX 〉 능청양귀비코쟁이

서곤 하는데, 멀리 떨어져 바라보면 커다란 꽃[39]과 특정부분 유사한 면이 있기도 하다. 이 같은 유사성은 커다란 귀와 머리 중앙의 벼슬 그리고 납작해진 코가 "꽃잎"처럼 머리 주위를 뺑 둘러 위치하며 생동감 넘치는 색깔을 띠는 데 반해, 희미한 초록색을 띤 몸통은 두드러져 보이지 않음에 따라 형성된 것이다. 이미 언급한 바 있는 코에 발라진 유인분비물은 풍부한 바닐라향을 내며 미끼향으로 작용한다. 이 동물은 코에 날아와 앉거나 코에서 아주 가까운 주변을 배회하는 곤충들을 길고 가는 앞다리에 늘어져 있는 움켜쥐기에 편리한 앞발을 이용하여 번개처럼 빠른 속도로 잡아챈 다음 입으로 가져간다. 이들은 가끔씩 앞다리와, 이중 발톱으로 무장되어 움켜쥐기에 편리한 꼬리를 이용하여 카멜레온처럼 느린 속도로 자신의 위치를 옮겨간다. 지금까지 착생 배아들의 각기 다른 단계의 발생 정도를 보이는 약 십여 마리의 임신한 암컷들이 잡히긴 했으나, 종 내 개체들 간의 관계에 관해서는 알려진 것이 없다(윗글).

양귀비코쟁이속(*Orchidiopsis*)과는 귀와 머리벼슬의 위상에 차이를 보이는 3종류의 백합코쟁이종 가운데는 낮에는 잠을 자고 밤에 "꽃을 피우는", 즉 포획자세를 유지하는 한 종이 있다. 앵글로색슨어족의 문헌에는 "빛나는 백합"으로, 독일어식 표현으로는 주로 "기적의 코(*Liliopsis thaumatonasus*)"로 알려진 이 동물에게는 유인 점액질이 빛을 내는 매우 독특한 특징이 있다. 여타 다른 동물들(Buchner)의 발광 점액질에서와 같이, "기적의 코"에게서도 공생 박테리아에 의해 빛이 만들어지는 것으로 보인다. 물론, 지금까지 이 근거를 뒷받침해줄 점액질의 매우 작은 입자들이 배양된 적은 없으며, 전자현미경적 확대배율로도 그들의 세포특성은 쉽사리 알아낼 수가 없다.

아목: Polyrrhina (여러코쟁이아목)
지(指): Brachyproata (짧은주둥이코쟁이류)
족: Tetrarrhinida (네코쟁이족)
과: Nasobemidae (나조벰과 – 나조벰부류)
속: Nasobema (나조벰)
5종
속: Stella (작은나조벰)
1종
과: Tyrannonasidae (티라노코쟁이과 – 티라노코쟁이부류)
속: Tyrannonasus (티라노코쟁이)
1종

여러코쟁이(Polyrrhina)는 이름이 의미하듯, 여러 개의 코를 가진 것으로 특징지어진다. 이와 같은 기관의 증식은 다른 동물계에서는 반복적으로 나타나지만, 일반적인 관점으로 바라볼 때 포유류 계통분류체계에서는 생소하게 여겨진다. 즉, 이는 다소 친밀한 근연관계에 있는 유형들에게서 나타나는 기관의 증식은 단독 또는 중복적으로 발견되거나, 그들 중 근연한 유형들에게서도 단지 극소수만이 존재하기도 하는 등, 여러코쟁이의 경우 하나의 특이한 사례를 보여주는 것이라 하겠다.

잘 알려진 바와 같이 모든 체절동물(體節動物, Articulata)은 — 적어도 상상하기에는 — 다체절적 형태로부터 그 기원을 이끌어낼 수 있는데, 이들의 현생 종이나 또는 원시 근연종들은 적은 수의 마디를 가지고

39 난초류는 이 군도의 어느 곳에서도 발견되지 않으므로 (※ *Orchidiopsis* ※)라는 이름은 근본적으로 적절치 못한 것으로 사료된다. 즉, 난초를 모방한 의태(擬態)는 전혀 나타나지 않는다. 물론 양귀비코쟁이가 행하는 의태의 대상이 된 그 꽃들은 (*Rochemontia renatellae* St.) 모습뿐만 아니라 향기까지도 난초와 매우 유사하나, 실은 미나리아재비과(**Ranunculaceae**)와 근연관계에 있다.

있으며, 마찬가지로 비교적 근연관계에 있는 하등 척추동물에서의 아가미 틈새(鰓裂)의 수가 다양한 것 역시 화젯거리가 될 수 있다. 다비성 코걸음쟁이에서 나타나는 코의 복수화는 우선 — 순전히 외형상으로는 — 초기 배발생 단계에서의 단순 복제로 알려져 있다(그림 1).

물론 이들을 단순하게 복수기형이나 복수변형 쯤으로 간주한다거나, 또는 크내들(KNADDLE)과 키혈링(KICHERLING)에 의해 시도됐던 초파리의 형태유전자적 변형돌연변이와 비교될 만한 것으로 취급한다거나 하는 것과는 무관한 것이다. 미들스테드(MIDDLESTEAD)와 후쎈스타인(HUSSENSTINE)이 매우 정확하게 지적했듯이, 단순한 중복형성에서는 각개 코들의 시간차 동작은 불가능할 것으로 추정되는데, 이는 중복형성체들은 운동자극에 동일하게 반응한다는 바이스(P. WEISS) 등 여러 학자들의 연구결과에 근거한다. 따라서 코걸음쟁이들에게서는 그에 걸맞게 고도로 분화된 중추신경적 통합 역시 다비열현상에 해당된다. 코걸음쟁이들이 후기 백악기에 이르러서야 출현했을 것임을 감안하면, 우리는 여기서 진화학적으로 중대한 난관에 봉착하게 된다.

레마네(REMANE 1954)의 이론에 따르면 비교적 원시성을 지닌 특징으로서 여러코쟁이류에는 다비열현상에 근거하여 적어도 3부류의 무리가 존재하는 것으로 평가된다. 즉, 이들 각각의 무리 내에서 일어난 다양한 형태의 코의 분화와는 별개로, 4개, 6개 또는 38개의 코를 가진 무리들을 일컫는다. 이들 무리의 분리는 이미 매우 이른 시기에 이루어졌을 것으로 추정되는데, 이는 여러코쟁이류의 분리가 외코쟁이류로부터 분명 매우 일찍 나타났을 것이란 사실과 맥락을 같이한다. 더구나 이들의 기원을 원시코쟁이, 및 일반원시코쟁이족 유형의 원시코걸음쟁이(Primitivrhinogradentier)에서 찾는 것은 현재수준의 연구로도 어려운 일이다.

만일 여러코쟁이류의 기원을 데프(D'EPP)가 시도했던 것처럼 코걸음코쟁이유형의 외코쟁이류(nasestre Monorrhina)에서 찾으려 한다면, 이는 완전히 빗나간 것이 되고 만다(STULTÉN 1948; BROMEANTE DE BURLAS 1949). 이에 대한 중요한 이유 가운데 하나는 다비열현상과는 완전히 별개로 나자리움의 형성이 매우 다양하고, 뒷다리의 퇴화 역시 완전히 다른 방식에 따라 진행되며, 더욱이 외코쟁이류에서의 갈비뼈 숫자와 척추관절돌기(脊椎關節突起)의 형성과정은 절대적으로 정상궤도를 벗어나 변형된 데 반해 (빈치류(貧齒類)[76]에서 볼 수 있는 상태의 방향성을 의미하는데, 물론 이 역시도 상사의 형태로서 나타난다), 여러코쟁이류는 원시적인 상태를 유지하고 있다는 것이다.

외코쟁이류와 여러코쟁이류는 그럼에도 불구하고 하나의 공통된 모양새를 보여주는데, 이는 대부분의 경우 호흡관 역할을 하는 확장된 누관(淚管)을 들 수 있다. 브로멍뜨는 이것을 구조적 상사현상의 하나로 간주했으며, 이는 코와 비강(鼻腔) 간의 기능교환과 분명 연계되어 있을 것으로 추정했다. 그러니까 말단부위의 콧구멍은 형성된 바로 그 지점에서 호흡기능과는 별개로 대개는 특정 과제를 수행하게 된다. 예를 들어, 냄새의 진원체를 찾거나 먹이를 포획하거나, 궁극적으로 동물의 (*목소리*)를 내는 데 다소간 관여하기도 한다(107~108쪽).

나자리움의 구성에 관한 상세한 내용은 이 같은 간결한 기술을 통해서는 낱낱이 설명할 수가 없다. 따라서 브로멍뜨, 슈툴텐, 그리고 부휭 및 그의 학파에 의해 작성된 연구논문들뿐만 아니라, 이에 관한 슈튐프케의 총괄적인 해설서도 참고자료로 제시하는 바이다.

원주민에게는 호나타타(*Nasobema lyricum*)로 불리는 커다란 모르겐슈테른나조벰(MORGENSTERN-Nasobem)은 가장 잘 알려진 여

---

76 **빈치류**(Xenarthra) : 포유강(Mammalia), 진수아강(Theria), 일자궁류(Monodelphia) 또는 유태반류(Placentalia)로도 불리는 정수하강(Eutheria)에 속하며 목의 지위를 부여받은 포유동물군으로 미국 남부를 포함하여 주로 남아메리카 대륙에 서식한다. 대표종으로는 큰개미핥기, 나무늘보 및 아홉띠아르마딜로 등이 있다.

〈삽화 X〉 모르겐슈테른나조벰

러코쟁이류의 대표종이며(삽화 X), 때문에 좀 더 자세히 살펴보면 다음과 같다.

　네코쟁이류(Tetrarrhina)의 대표종으로서 이들은 짧고 두터운 머리에 상당히 길고 똑같이 생긴 4개의 코를 갖고 있으며, 모르겐슈테른이 이미 기술한 바와 같이, 그 코로 걷는다. 코를 지탱하는 골격이 없음에도 불구하고 이 같은 일이 가능한 것은 코의 해면체에 걸리는 강력한 팽압에 의해 코를 상당히 뻣뻣하게 유지할 수 있는 덕분이다. 또한 거미줄같이 얽혀 있는 기관(氣管)들이 코를 관통해 뻗어 있으며, 이들을 공기로 채우는 동작은 내비공 팽대부(內鼻孔 膨大部) — 목 뒤로 넘어가 등쪽 아래로 꼬리까지 뻗어내려 간 Turbinalia의 경계에 위치하는 연구개가 분화된 형태 — 에 의해 조절되는데, 이렇듯 코의 팽압은 두 가지 체계, 즉 해면체의 수력학적 체계와 압축공기를 이용한 호흡체계를 통해 유지된다. 전자는 보행 시 지속적으로 코를 뻣뻣하게 지탱하기 위한 것이며, 후자는 무엇을 하는 중이거나 움직일 때 탄력성을 제공하며 딱딱한 물체와의 충돌에서 상처 입을 위험을 줄이기 위함이다. 내비공 팽대부와 함께 강력하게 발달된 부비강에 의해 형성된 비폐 팽대부(鼻肺 膨大部) 역시 한 역할을 담당한다. 이는 양쪽에 각각 3개씩 존재하며, 내비공 팽대부에 의해 전달된 압축공기를 고루 분배한다. 코의 Canales ramosi 자체에는 코끝 바로 아래에 말단 Orificium externum이 아직 자리 잡고 있는데, 이는 대개가 막혀 있으나 강력한 물리적 자극이 코를 강타해 순간적으로 코가 이완될 수만 있으면 반사적으로 매우 빠르게 열릴 수 있다. 위에 언급한 체계는 삼차신경(三叉神經, N. trigeminus)[77]에 의해 신경자극이 전달되는 데 반해, 안면신경은 주로 코 주변의 환형근(環

---

[77] **삼차신경**: 다섯 번째의 뇌신경. 눈과 위, 아래턱의 세 갈래 신경으로 나뉘어 얼굴에 분포하며, 지각성의 대(大)부분과 운동성의 소(小)부분으로 이루어져 있다.

形筋) 및 종주근(縱走筋)을 관장하고 있다. 모든 여러코쟁이류에서와 마찬가지로 나조벰속(*Nasobema*)에서는 코뼈가 완전히 사라지고 없으며, 배발생 단계에서 역시 형성기미도 보이지 않는다.

　쌍을 이루는 다리는 비교적 잘 발달되어 있다. 특히 어린 동물들에게서는 아직 퇴화가 덜 진행되어 보인다. 최대 몸 크기의 2/3 정도로 다소 성장한 개체들에서의 뒷다리는 실재로 더 이상 움직일 수 없으며 기능 또한 잃어버린 상태이다. 앞다리는 움켜잡기에 유용한 기관으로 발달했으며, 이는 긴 올가미 밧줄 모양의 꼬리로부터 효율적인 보조를 받는다.

　이 꼬리는 지극히 특수화되어 있으며, 그의 구조는 오로지 나조벰들의 생활방식과의 연계선상에서만 이해가능하다. 열매를 먹고 사는 이 동물에게서 꼬리는 높은 곳으로부터 먹이를 따 내리는 역할을 맡고 있다. 이 동작은 이렇게 진행된다. 기부(基部)까지만 척추가 뻗어 내려져 있는 꼬리는 맹장과 연결된 가스통로를 그 속에 지니고 있는데, 이것을 통해 (Sphincter Coeco-gasotubalis가 느슨해진 후에) 급격하게 장 내(腸 內) 가스로 채워지게 되고, 그러고 나면 꼬리는 팽팽하게 부풀려져 4 m가 넘는 높이까지 휘둘려 던져 올려질 수 있게 된다. 강력한 가로무늬근(후신연합 근육계(後身聯合 筋肉系)로부터 유래된)으로 이루어진 꼬리기저부의 팽대부는 꼬리가 가벼운 폭음을 내며 매우 빠른 속도로 최대한의 높이까지 휘둘려 던져지는 격렬함을 연출한다. 풍부한 촉각돌기로 무장된 꼬리끝으로 열매를 움켜잡자마자, 나지막하게 휙 소리를 내며 꼬리로부터 가스가 빠져나가고, 다시 납작한 끈 모양으로 된 꼬리는 수축하게 된다. 그런 후에는 따 내린 열매를 넘겨받아 앞발로 움켜잡은 다음 입으로 가져간다. 일반적으로 방귀의 생성이 이 같은 기작에 상당히 잘 적응된 것이란 사실은 흥미로운 일이다.

　동물이 배가 고플수록, 직장 및 기체운동팽대부(氣體運動 膨大部)는 더욱 강력하게 부풀어오른다. 매우 굶주린 동물들이 먹을 만한 것이 없을 때에도 허공에 대고 열매따기 행동을 하거나 열매 비슷하게 생긴 가능한 모든 대상물들을 향해 꼬리를 감아올리는 등의 행동을 하는 것 역시도 위의 내용과 연관이 있다. 이는 특히, 파랑코-나조벰 *Nasobema aeolus*[40]에게서 두드러지게 나타난다.

나조벰은 일 년에 한 번 새끼를 낳는데, 우선은 꼬리방향으로 열린 목주머니 안에 새끼를 넣어 데리고 다니면서 어미의 겨드랑이 부근에 위치한 젖꼭지로부터 젖을 먹인다. 목주머니는 암컷에게만 있는데, 이것은 목젖연골로부터 갈라져나온 연골에 의해 지탱된다. 이들은 한 쌍이 평생 함께 살아가면서 서로 매우 친밀한 관계를 유지한다. 방금 새끼를 낳은 암컷은 먹이를 가져다주는 수컷의 보살핌을 받는다. 나조벰들에게 있어 천적은 군도에서 가장 큰 섬에만 존재하는데, 이들은 이 섬에 서식하는 육식성 나조벰인 황제티라노쟁이, *Tyrannonasus imperator* B.D.B. (*Nasobema tyrannonasus* STU.)이다. 특기할 만한 것은 후아카-하치 부족은 낮과 밤의 길이가 같아지는 춘분과 추분에 거행되는 의식에서 종교적 의미를 지닌 성찬에서만 약초에 버무려 구운 나조벰을 먹는다. 이들 부족은 이 동물을 신성한 것으로 여겼기 때문에 이 같은 종교적 의식을 위한 경우를 제외하고는 사냥하지 않았다.

작은나조벰속(*Stella*)은 애초에 브로멍드에 의해 공표됐다. 그러나 슈툴텐은 아직도 *Stella matutina* B.D.B.[41]를 *Nasobema morgensternii*로서 나조벰속에 귀속시키고 있다. 두 속의 차이는 실질적으로 미미하며 오로지 꼬리사출기작(射出機作)에 근거하는데, 이 기작은 체구가 작은 모르겐슈테른나조벰에서는 사실상 분화가 덜 되어 있으며, 이 동물이 대부분 땅바닥에서 낮게 자라는 키 작은 식물들의 장과류(漿果類)[78]

---

40 **Aeolus gr.** = 바람의 신
41 **stella matutina l.** = 샛별(금성, Morgenstern)

78 **장과류 :** 액과(液果) 중 내과피가 목질화되는 석과(石果)를 제외한 과일로 토마토 등을 가리키며, 자방벽의 비대 발달에 의해 형성된다.

를 주로 먹고 산다는 사실 또한 연관이 있을 것이다.

나조뱀과에 속하는 평화로운 동물들과는 달리, 티라노코쟁이과의 유일한 현생 대표종은 육식성 부류로서 앞서 언급한 다른 코쟁이들을 주로 잡아먹고 산다. 헤버러(Heberer)의 육식성 나조뱀인, 황제티라노코쟁이, *Tyrannonasus imperator* B.D.B(*Nasobema tyrannonasus* STULTÉN)는 나조뱀과 동물들의 구조와 대부분이 매우 흡사하나, 기둥코쟁이과에서처럼 끝에 독갈고리를 달고 있는 전혀 다른 구조의 꼬리모양에 의해 구별된다. 게다가 먹이를 찢어발기는 데 적합한 송곳니를 가진 육식동물과 유사한 치열에 의해서도 역시 자연스레 구분된다. 이 동물에게서 더욱더 특기할 만한 사실은, 코걸음코쟁이류에 속하는 종 치고는 뒷다리가 놀랍게도 잘 발달되어 있다는 것인데, 이 또한 먹이를 포획하는 데 쓰인다는 사실과 연관이 있다. 이 종의 가죽은 줄무늬가 없는 대신, 대체로 두더지 가죽 비슷한 긴 털 벨벳 같은 인상을 준다.

황제티라노코쟁이는 다음의 두 가지 이유로 하여 더욱더 주목을 끈다. 이 동물은 모든 여러코쟁이류의 종들처럼 코를 이용해 유난히 재빠르게 움직이는 것은 아니나, 어찌 되었건 나조뱀들보다는 민첩하게 걷는다. 모든 여러코쟁이류종들은 걷는 동안 코 안쪽의 호흡기구로 인해 휘파람불듯 싯싯거리는 소리를 내는데 이 소리가 멀리까지 들려서 본의 아니게도 스스로의 존재를 알리고 마는 특성을 지녔다. 따라서 티라노코쟁이는 먹잇감들이 이미 멀리 도망가 버리는 탓에 먹잇감에 몰래 다가갈 수 없어 우선은 조용히 먹잇감의 동정을 살핀 다음 슬금슬금 접근한다.

이렇듯 소음으로 인한 장애와 답답하게 느린 속도 때문에 관찰자들에게 우스꽝스런 인상을 주는 쫓고 쫓기는 과정에서 티라노코쟁이는 정성을 들인 먹잇감을 따라잡기 위해 흔히 몇 시간 동안이나 이들을 추적해야만 하는데, 이는 나조뱀 역시 도망갈 때 그의 올가미 모양의 꼬리를 나뭇가지에 감아 구덩이나 작은 실개천을 건너 뛰어넘는 데 이용하기 때문이다. 또한 이 포식자가 쫓던 먹잇감을 매우 가까운 거리에서 압박하여 먹잇감이 코를 이용한 보통의 도주방법으로는 더 이상 빠져나갈 수 없이 되어 버리면, 이 먹잇감인 나조뱀은 다시 마지막 방법을 이용하여 성공적으로 도망친다. 즉, 쫓기던 이 동물은 추적꾼이 먹잇감을 낚아채기 위한 지속적인 시도를 하다 마침내 어지러워져 그 시도를 스스로 포기할 때까지, 꼬리로 가지에 매달려서는 땅바닥에 닿을 듯한 높이에서 원을 그리든가 이리저리 진자운동을 계속한다. 그러면 나조뱀은 포식자가 방향감각을 잃고 비틀거리는 그 순간을 틈타 흔히 도망을 한다.

그러나 티라노코쟁이가 그의 먹잇감을 제대로 잡게 되면, 그에게는 더 이상 도망할 기회는 없다. 꼬리갈고리를 이용해 먹잇감에 독이 주입되면 이 먹잇감은 곧바로 울면서 넘어지는데, 이때 추적꾼은 먹잇감에게 최후의 일격을 가해 그늘진 곳으로 끌고 가서는 그 자리에서 커다란 뼈까지 남김없이 천천히 다 먹어치운다.

티라노코쟁이의 첫 번째 특징으로 먹이 추적과정에서의 그의 집요한 끈기를 들 수 있다면, 다음으로는 포유동물 치곤 매우 특이하게도 긴 시간 동안 먹이를 먹지 않고 견딜 수 있다는 사실이다. 이는 놀라우리만큼 낮은 기초대사와 연관이 있으며, 간뿐만이 아니라 피하 저장조직의 세포들에 글리코겐을 저장하는 특성과도 연계된다. 이들 세포는 조직학적으로 같은 자리에서 발견되는 여타 지방조직 세포들처럼 같은 배아세포로부터 유래하는 세포들이다. 적어도 티라노코쟁이에게는 지방 저장보다는 글리코겐으로 저장하는 것이 에너지절약적인 것으로 보인다.

배불리 먹은 당시의 이 동물은 이틀 동안은 형태를 알아보기 어려울 정도로 모습이 일그러져 있으며, 풍족한 식사를 마친 후엔 곧바로 비를 피할 수 있는 곳에 누워서 피하저장 글리코겐이 다 소모될 때까지 그곳에서 여러 주가 지나도록 잠을 잔다. 이 기간 동안 이 동물의 체온은 주변 온도 이상으로 오르지 않는 것으로 측정된다. 여위었지만 먹잇감을 추적하기 위한 충분한 저장에너지가 아직 간에 남아 있을 때, 이 동

〈삽화 XI〉 황제티라노코쟁이

물은 다시 활동성을 되찾고 사냥을 나선다.

사로잡힌 나조뱀들이 운다는 이 특기할 만한 사실은 심리학적 흥미를 불러일으키는데, 이것은 이들 동물에게 있어 통찰력과 반응동작이 일치한다는 것을 전제로 한다. 뇌의 상당한 크기와 분화정도로 보아 그와 같은 사실을 도외시하기란 아마도 쉽지 않아 보인다(H. W. GRUHLE 1947).

영양생리학적인 면에서 네코쟁이류(Tetrarrhina)는 목의 범주를 벗어나며, 이 같은 맥락에서 이들은 분명 파생된 형태일 것으로 생각된다. 부휑(1953)에 의하면 이 문제는 다음과 같이 열거된다. 코걸음쟁이에게는 원래 식충(食蟲)성향이 있다. 일반적으로 이 동물의 작은 체구는 이와 연관이 있다. 동물들이 생활방식이나 섭생에 있어 전형적인 식충성향과 구별되는 어떤 특수화과정을 견뎌냈을 경우, 그의 분기과정은 그리 어렵지 않게 전개가능하다. 게를 잡아먹는 뛰엄코쟁이류들은 그와 수유공생관계에 있는 유형들처럼 대체로 식충동물유형에 가까우며, 마찬가지로 진흙코쟁이류와 땅코쟁이류 또한 이로부터 파생된 것으로 볼 수 있다. 예를 들어, 비록 치열이 원칙적으로 아직은 완벽하게 식충동물과 유사하긴 하나, 네코쟁이류의 보다 원시적인 유형들이 명백한 식과류(食果類)인 관계로, 그와 같은 파생과정은 우선 좀 더 복잡해 보인다. 가스를 발생시키는 맹장을 제외하고는 무엇보다 소화관이 지나치게 특수화되어 있다. 또한 네코쟁이류를 대부분의 여타 코걸음쟁이들로부터 구별 짓는 것은 상당한 크기의 체구이다. 나조뱀들은 심지어 1 m에 육박한다!

육식성 나조뱀인 티라노코쟁이의 계통유도는 처음엔 간단해 보이는데, 이는 그저 모든 척도를 확대적용함으로써 식충동물유형으로부터 포식동물유형을 간단하게 만들어낼 수 있을 것 같기 때문이다. 그러는 동안 부휑은 상세한 연구를 통해 티라노코쟁이가 열매를 먹는 종으로부터 유래했다는 것을 입증했다. 이는 무엇보다 소화관 및 꼬리의 구조에서 나타나는데, 어린 개체의 꼬리는 아직 나조뱀 형태를 하고 있다.

부횡은 단일먹이의존형 포식동물로의 변화는 포식성편리공생관계를 거쳐 진행되었을 것으로 믿고 있다. 포식자로서의 행동양태 가운데 아직도 특정한 몇몇 특이사안들이 이를 또한 암시하고 있다. 이 동물은 도망치던 나조뱀들로부터 내동댕이쳐진 열매를 게걸스럽게 먹어치우는데, 이들은 열매를 먹는 중인 나조뱀들을 덮칠 수 있을 경우에만 열매들을 낚아챈다. 이는 티라노코쟁이의 어린 개체들은 전혀 포식자로서 살지 않으며, 그 대신 단순히 열매를 빼앗기 위해 먹이를 먹고 있는 나조뱀들을 덮치거나 그들이 먹다 남긴 찌꺼기를 먹어치운다는 사실과도 일치한다.

부횡 역시 지적했던 이 같은 현상은 동물계 내에선 전혀 유일한 경우가 아니다. 식충성향으로부터 식과성향으로의 이행은 예를 들어, 지저귀는 새들 가운데 지빠귀 종류들이나, 남아메리카에 서식하는 박쥐목, 후아목 그리고 갈고리원숭이류들과 같은 식충동물군에게서 자주 일어난다.

족: Hexarrhinida (여섯코쟁이족 – 여섯코쟁이부류)

과: Isorrhinidae (같은코쟁이과)

속: Eledonopsis [42] (문어발띠코쟁이)

5종

속: Hexanthus (여섯꽃잎코쟁이)

3종

속: Cephalanthus [43] (꽃머리잔코쟁이)

7종

과: Anisorrhinidae (다른코쟁이과)

속: Mammontops [44] (다발털코쟁이)

1종

족에 해당하는 여섯코쟁이부류(Sechsnasenartige)는 두 개의 매우 다른 과를 아우르고 있다. 같은코쟁이과는 비교적 원시적인 구조를 가지고 있는 작은 식충동물인 반면, 다른코쟁이과의 유일한 종이 선보이는 유형을 보면 얼핏 나조뱀과를 연상케 하는데, 그럼에도 불구하고 이 유형은 나조뱀과로부터 또한 분리되는 일련의 특징들을 동시에 보여준다. 때문에 부횡은 브로멍뜨에 의해 정립된 족인 여섯코쟁이류를 근거 없음은 물론 다계통적인 무리로 간주했다. 이에 관해서는 곰다발털코쟁이(*Mammontops ursulus*)[45]에 대한 논의 중에 한층 더 상세하게 다룰 것이다.

이미 언급한 바와 같이 같은코쟁이들은 다비열현상을 보이는 것을 제

---

42 **eledone gr.** = 문어, 오징어
43 **kephalé gr.** = 머리
    anthos gr. = 꽃
44 각주 15 참조.
45 **ursulus l.** = 작은곰

외하고는 원시적인 동물로 간주된다. 이 동물들이 비록 자주 사용하진 않더라도, 쌍을 이루는 다리는 전혀 퇴화되지 않았으며 아직도 뜀박질에 매우 적합하다. 코의 분화 역시 마찬가지로 여전히 원시적이다*. 반면, 진화가 많이 진행된 속인 여섯꽃잎코쟁이(*Hexanthus = Ranunculonasus*)와 꽃머리잔코쟁이(*Cephalanthus* Br.d.B = *Gorbulonasus* Stu.)는 널리 보급된 의태(擬態)[79]능력을 가진 것으로 특징지어지는데, 이들은 매우 독특한 방식으로 겉모습을 변형시킨다.

보다 더 원시적인 속으로 간주되는 문어발띠코쟁이속의 대표종으로 관벌레코 문어발띠코쟁이(*Eledonopsis terebellum*)을 기술해보면 다음과 같다.

마이루빌리 섬의 돌멩이나 나무뿌리 밑에 있는 작은 땅구멍들에서는 뾰족뒤쥐만 한 크기의 동물이 자주 발견된다. 이 동물은 낮에는 구멍 속에서 웅크리고 잠을 자는데 얼핏 보기엔 그저 회갈색의 털로 덮여 있고 주홍빛깔의 발을 가진 작은 뾰족뒤쥐처럼 보인다. 이 동물은 도망가지 않고 자기 둥지에 틀어박혀 있다. 그 같은 구멍 하나를 표시해놓고 밤에 섬광전구를 동원해 굴 입구와 그 주변의 사진을 찍어보면, 구멍으로부터 네 개에서 여섯 개까지 띠 모양의 형체가 주변으로 뻗어져나온 것을 알아볼 수가 있다. 이들 주홍빛 띠 모양의 형체들은 약 2~3 mm 정도의 너비에 30 cm 정도 길이를 갖는다. 이들 띠는 위쪽 면에 가늘고 촉촉하게 빛나는 두 줄의 홈이 패어 있는데, 그 위에 작은 곤충들 — 대개 포두리대(Poduridae)[80]와 수피다듬이벌레류(Copeognatha) — 이 들러붙어 있는 것을 볼 수 있다. 손전등을 비추어 이 형체들을 자세히 들여다보려 하면 이들은 다시 구멍 속으로 재빨리 들어가 버리고 마는데, 이 같은 상황 탓에 상세한 관찰은 오랫동안 발목을 잡혔었다.

더욱이 고정시켜 놓은 동물들에게서 이 띠들이 다름 아닌 코라는 것을 알아볼 수는 있지만, 샬러(Schaller)에 의하면 이 동물들을 지속적인 조명이 설치된 곳에 가두어 둬 보아야만 비로소 이들 코의 기능에 관한 설명이 가능해진다고 한다. 그러니까 여기서 이 가느다란 띠들은 사실상 코이며, 위쪽방향으로 뒤틀린 두 개의 홈은 길게 연장된 콧구멍임을 보여준다. 더욱이 비강의 섬모상피는 이들 콧구멍에까지 연장되어 코의 점액질과 함께 들러붙은 작은 곤충들을 운반하는 데 기여하며, 이렇게 운반된 작은 곤충들은 콧속 통로로 보내진 다음 깔때기를 통과하듯 소화관으로 이동된다는 사실이 증명됐다.

또한, 문어발띠코쟁이는 쥐며느리만 한 크기의 커다란 곤충을 끈끈이로 잡아서는 언급한 방식으로 기부쪽으로 운반하는 능력이 있는데, 이때 그에 해당되는 코띠는 수축했다 넓적하게 확대됐다 하면서 마치 천장 홈 같은 받침을 만들어주어 그 안에서 먹이가 섬모운동과 홈의 연동운동을 통해 코뿌리(鼻根) 쪽으로 운반되고 있음을 보여줬다. 그런 다음 그곳에서 혀로 낚아채거나 또는 앞발을 이용해 머리 쪽을 향해 깊숙이 들어앉은 코 부위로부터 먹이를 후벼 파내서 먹어치운다. 크고 다루기 힘든 동물은 — 무엇보다 하이아이땅거미과와 번개늑대거미과에 속하는 거미들 — 우선 콧물을 바른 다음 여러 개의 코로 둘둘 감아서는 머리 쪽으로 끌어당긴다는 사실 역시 흥미롭다. 그 다양한 포획기작들을 언제 사용할 것인가는 일부 매우 민감한 촉각과 또한 코끝까지 뻗어있는 화학적 감관이 결정한다(많은 여타 척추동물에서의 야콥슨 기관처럼, 여기선 본래의 후각기관과 동일한 연계선상에 있는 감각수용기와 신경을 말한다).

문어발띠코쟁이속의 새끼양육방식은 여타 다른 유태반류(有胎盤類)와 다르지 않다. 육아낭은 없으며, 새끼들은 매우 일찍 독립한다. 짝

* 72쪽과 비교

79 **의태** : 먹이동물의 유인이나 포식자로부터의 은폐를 목적으로 다른 동물이나 주변사물의 모양, 색채 또는 행동을 모방하는 것을 의미한다.
80 **포두리대** : 날개가 없는 원시곤충에 속하는 톡토기류의 한 과

〈삽화 XII〉 향꽃코쟁이

짓기는 밤에 이루어지는 것으로 보인다. 지금까지 문어발띠코쟁이의 사육에 성공한 사례는 없다.

여섯꽃잎코쟁이속의 어린 새끼들은 문어발띠코쟁이와 아주 유사한 행동양태를 보인다. 그들 역시 땅의 작은 구멍 속이나 나뭇잎 밑에 살며, 그 자리에서 코를 뻗어내어 먹이사냥을 한다. 어찌 되었건 이 같은 행동양태는 여러 주 동안 머물렀던 어미의 둥지를 떠나 이제 막 스스로 먹이사냥을 시작한 아주 어린새끼들에게만 해당하는 것이다.

이 밖에도 여섯꽃잎코쟁이들은 문어발띠코쟁이속에 비해 다음과 같은 다양한 면모를 갖추고 있다. 여섯꽃잎코쟁이에서 코의 홈은 코의 중심으로부터 말단으로 자라나 마침내 코의 말단과 근저에만 구멍이 남게 되어 나머지 코의 대부분은 자루관모양을 띠게 된다. 코끝에는 네 개의 넓적한 피부열편(皮膚裂片)[81]이 자라나는데, 이는 종에 따라 다양한 색으로 치장되어 있고 각 종에 걸맞은 기본채색 한도 내에서 나름대로 매우 강력한 생리적 채색변화에 능하다[46]. 각각의 코는 결국엔 긴 줄기 끝에 피어난 꽃과 같은 형상을 연출해낸다. 코가 변형을 겪는 동안에도 이 동물들의 생활방식은 전혀 변함이 없다. 그들은 은신처로부터 코를 뻗어내서는 식물의 줄기를 칭칭 감아올린[47] 다음 위에 설명한 방식으로 먹이사냥을 한다. 그곳에서 물론 점차로 잦은 사냥감의 변화가 나타나게 된다. 요컨대 위장된 꽃잎모양과 색깔에 취해 이 동물의 코끝에 내려

---

46 프레두리스타(FREDDURISTA)와 페리쉐르찌(PERISCHERZI)는 붉은색은 모세혈관의 확장을 통해, 노란색은 진피의 모세혈관망 밑에 위치하면서 표면적으로 퍼져있는 지방조직을 통해, 푸른색은 수축형 멜라닌색소포에 들어있는 검은 색소를 통해 발현된다는 사실을 밝혀냈다.

47 몸의 왼쪽에 있는 코들처럼 오른쪽 코들 역시 항상 왼쪽으로 감아올린다(LUDWIG 1932 참조).

81 **피부열편** : 갈라진 코끝의 조각편을 가리킨다.

앉게 되는 날아다니는 곤충들이 주로 잡힌다. 작은 먹이의 운반은 앞서 기술한 문어발띠코쟁이와 같은 방식으로 이루어진다. 다소 덩치가 큰 먹이의 경우 역시 문어발띠코쟁이와 마찬가지로 코의 관내에서 연동운동에 의해 머리 쪽으로 운반된다. 통과할 수 없을 정도로 더욱 커다란 먹이들은 — 문어발띠코쟁이와는 달리 — 통째로 운반하는 대신에, 넓적하게 펼칠 수 있는 비관엽(鼻管葉)[82]을 먹이에 둘러 그것으로 단단히 감싼다. 그런 다음 여섯꽃잎코쟁이는 해당하는 코로 토악질을 해내서는 먹이에 포함된 영양분을 코로 빨아올릴 수 있을 때까지 그 곤충을 소화시킨다.

　　다 자란 여섯꽃잎코쟁이는 더 이상 땅굴에 들어앉아 지내지 않는 대신, 초지의 푸른 들판과 벼랑에 자라는 키 작은 초본들 사이의 땅바닥에 누워 지낸다. 그 푸르스름한 색상은 그곳에서 그들을 눈에 띄지 않게 해주며 코는 대개 그런 꽃들의 줄기를 휘감고 있는데, 이때 그들은 그 꽃들의 색상과 형태를 흉내 낼 수 있는 능력을 가지고 있다. 이 같은 적응은 시각적인 것으로서, 만일 노란 꽃잎들로 꾸며진 널빤지 뒷면 복판에 코끝을 놓은 채 앉아 있는 여섯꽃잎코쟁이에게 붙여 만든 파란 꽃잎을 보여주면 그의 비관엽은 파란색으로 변하게 되는데, 이는 반대의 경우라도 역시 마찬가지이다. 그 밖에 여러 종류의 여섯꽃잎코쟁이종들은 광주기성(光週期性)[83]면에 있어 다양한 행동양태를 보여준다. 예쁜이꽃코쟁이(*Hexanthus ranunculonasus = Ranunculonasus pulcher* [48])는 전형적인 주행성 동물인 반면, 대부분의 보랏빛 코를 가진 밤반짝코쟁이(*Hexanthus*

48　**ranunculus l.** = 미나리아재비과　　**pulcher l.** = 아름다운

82　**비관엽**：비관의 갈라진 조각편을 일컫는다.

83　**광주기성**：빛의 주기변화에 따라 일어나는 생체의 반응성향을 말한다.

〈삽화 XIII〉 예쁜이꽃코쟁이

regina-noctis)⁴⁹들은 밤에 꽃을 피운다. 이들은 젖산 같은 다소 시큼한 냄새를 풍기는 미나리아재비꽃코쟁이(*Ranunculonasus-Nasen*)들과는 정반대로 매우 강력한 바닐라향을 뿜어내어 야행성 곤충들을 유인하며 몰려다닌다.

우리에게 알려진 일련의 가장 아름다운 코걸음쟁이들은 꽃머리잔코쟁이속에 속한다. 이들 모두는 짧고 넓적하며 꽃잎모양으로 주둥이 주위를 뺑 둘러 나 있는 코를 갖고 있는 것으로 특징지어지며, 이 코들은 곤충이 주둥이 주변에 내려앉게 되면 팽압을 이용해 뻗어냈던 코들을 재빨리 오무릴 수 있게끔 해주는 아주 간단한 외비근과 비하근만으로 이루어져 있다.

또 하나의 특징이라면 부진한 지능 발달을 보이는 이 동물이 입으로부터 매우 강한 냄새를 풍기는 것인데, 이는 두말할 나위 없이 곤충을 유인하는 데 사용된다. 게다가 여타 다른 여러코쟁이류들과는 달리, 이 속을 대표하는 종들에게서는 새끼를 돌본다거나 젖을 먹이는 등의 행동을 찾아볼 수 없는 것 또한 특이한 점이다.

우리는 이 속의 전형적인 대표종으로 멋쟁이꽃머리잔코쟁이(*Cephalanthus thaumasios*⁵⁰ = *Corbulonasus longicauda*⁵¹, 긴꼬리잔코쟁이)를 꼽는데, 이들은 미타디나 섬의 높은 산악지대에 위치하며 미나리아재비군락이 자리 잡은 들판에서 집단적으로 서식한다.

스캠트비스트는 이들의 집단서식 광경을 그가 하이아이아이 섬에서 본 가장 아름다운 것으로 기술하고 있다. 채색의 강렬함과 코의 광채가 매우 뛰어난 것으로 전해지며, 신선한 바닷바람을 맞으며 꼬리를 흔들고 있는 그 작은 동물들이 만들어낸 독특한 광경은 마치 마술과도 같았다고

---

49 **regina noctis l.** = 밤의 여왕
50 **thaumásios gr.** = 멋진, 드문
51 **longi-cauda l.** = 긴 꼬리의

〈삽화 XIV〉 멋쟁이꽃머리잔코쟁이

한다. 이 특이한 피조물에게서 우리를 가장 흡족하게 해준 점을 꼽는다면, 그것은 분명 꽃을 찾는 곤충들에게 강력한 행동유발요인을 제공한다는 사실인데, 이것 역시도 이와 동일한 맥락에서 잠복하고 있는 꽃머리잔코쟁이들의 벌어진 입으로부터 퍼져나가는 버터우유와 유사한 냄새를 의미할 수도 있겠다.

　이미 언급했던 나자리움 외에도, 이들에게서 눈에 띄는 것은 50 cm 정도까지 자랄 수 있는 빳빳한 꼬리다. 흥미로운 일은 이 동물들이 성장하는 동안 꼬리의 구조가 어떻게 변하는가 하는 것이다. 이미 완벽하게 발달한 나자리움을 갖고 있는 갓 태어난 어린 새끼들은 바닥으로 떨어져서는 바로 주변에 있는 꽃줄기를 타고 오른다. 꼭대기에 이르면, 이들은 모든 꽃봉오리를 물어뜯어 버리고는 그의 나자리움을 활짝 펴고 성체들에서와 같은 고유한 방식으로 먹이사냥을 시작한다. 아직 연한 꼬리는 처음엔 대략 몸길이 정도이며, 포유동물의 일반적인 꼬리와 전혀 구분되지 않는다. 하지만 꼬리는 소위 척추를 잡아 늘이는 방식을 통해 매우 빠르게 길이성장을 한다. 추간절(椎間節)[84]이 굳어지고 힘줄과 함께 척추골과 척추골 사이를 당겨주는 인대 역시 굳어지는 동안, 꼬리근육은 퇴화되어 Ischiocaudalis, Iliocaudalis 및 Depressor caudae로부터 단지 힘줄 다발만 남게 된다. 이것은 꼬리척추와 이들을 단단하게 붙들어주는 인대를 잡아당기는 역할을 한다. 꼬리의 끝은 매우 딱딱한 표피로 덮여 있는데, 이는 궁극엔 일종의 뾰족한 돗바늘 모양의 각질외피를 형성한다. 식물줄기에 깍지 끼듯 들러붙은 이 작은 동물은 꼬리의 끝이 땅에 닿자마자 요추부분을 돌려 이 뾰족한 소위 꼬리천공기를 땅 속으로 15 cm까지 박아 넣는데, 이 과정은 대략 4~6일 정도 소요된다. 그리고 나서 이 동물은 식물줄기를 놓아 버리고는 아직도 지속적으로 뻗어나는 오직 자신의 꼬리만을 지탱하고 선다. 꼬리의 길이성장은 동물의 영양상태에 따라 좌우되는데, 영양상태가 좋은 동물은 그렇지 못한 동물에 비해 천천히 진행된다. 뿌리내리듯 단단하게 꼬리를 땅에 꽂은 동물은 이후로는 그 장소를 떠나 더 이상 움직일 수 없게 된다. 그곳에서 가슴 위에 앞다리를 모으고 입을 벌린 채로 먹이를 숨어서 기다린다.

지적 능력은 이미 언급한 바와 같이 매우 빈약하다. 짝짓기는 바람이 강하게 불 때 이루어지는데, 각자의 꼬리를 지탱하고 선 동물들이 거세게 이리저리 구부러지며 흔들릴 때 우연히 그 곳에서 서로 스치게 되면, 그 때 발정난 수컷은 암컷을 세게 움켜잡게 된다. 임신기간은 단 3주 정도밖에 되지 않으며, 전체수명은 길어야 8개월가량 되는 것으로 추정된다. 태어나서부터 성체가 되기까지 대략 2개월 정도 걸리며, 태어나서부터 꼬리를 땅에 박을 수 있기까지는 18~22일 정도가 소요되는 것으로 보인다.

코는 늘어져 유약해지고 퇴색되어 딱지까지 앉아 가련함을 자아내는 동물들의 서식집단이 드물지 않게 발견되곤 한다. 이 작은 동물들은 여위어 가고, 멀리까지 이미 그들의 낮은 신음소리가 들린다. 그 같은 서식집단은 코비루병[85]에 감염된 것인데, 이는 Gamasida[86]와 근연한 진드기 종에 의해 옮겨진다. 감염 정도가 경미한 경우 피해는 현저히 드러나지 않는다. 그러나 진드기가 대량으로 증식하면 코는 더 이상 먹이 사냥에 사용할 수 없게 되며, 이는 꽃머리잔코쟁이들에게는 응당 비참한 결말을 의미하는 것이다.

허기지고 몹시 고통스러운 동물들은 계속해서 병든 코를 후벼 파는데, 그 같은 행동은 그들의 고통을 더욱 가중시킬 뿐이다. 종국에 가서는 그들의 긴 꼬리줄기 끝에 매달린 작은 시체만이 남게 된다. 들판의 여러 장소에 60~200개 정도의 꼬리뼈 무더기들이 서 있는데, 그 땅바닥에는 썩어가는 뼈와 가죽의 잔재들이 널려 있다. 어찌 되었건 이 같은

84　**추간절** : 척추골 사이의 마디
85　**코비루병** : 코에 생기는 일종의 피부병
86　**Gamasida** : 진드기(Acari)의 하위분류군인 Parasitiformes를 일컫는 것으로, 여러 가지 병원균을 옮기는 종들이 이에 속한다.

대량참사의 원인은 초기에는 이 고유서식형진드기가 아니라, 변덕스런 날씨로 인한 바이러스성 질병이 그 원인이다. 바로 이 병이 진드기에 대한 저항력을 떨어뜨림으로써 바이러스에 감염된 동물들이 코에 기름을 바르고 매끄럽게 하는 등의 정상적인 관리를 하지 못하게 한다.

꽃머리잔코쟁이속에 속하는 대부분의 종들은 앞서 기술한 방식으로 살아간다. 다만, 맹구잔코쟁이(*Cephalanthus ineps*[52] = *Corbulonasus ineps*)와 게으름쟁이잔코쟁이(*Cephalanthus piger*[53] = *Corbulonasus acaulis*[54])만이 퇴화된 꼬리를 가지고 있으며 돌덩이와 꽃들 사이의 양지바른 자리에 그저 벌렁 드러누워 지낸다. 이미 앞서 심사숙고된 결과 이들을 하나의 신속으로서 꽃머리잔코쟁이속으로부터 분리한 사실을 브로멍뜨는 온당치 않은 것으로 여겼다.

91쪽에서 이미 언급한 바와 같이, 역시도 미타디나 섬의 산악초지에 서식하는 다른코쟁이과인 곰모양의 다발털코쟁이(*Mammontops ursulus*)는 여섯코쟁이 계열에서 완전히 도외시된다. 이는 비교적 거대한 동물로서, 총신장이 수컷은 1.3 m, 암컷은 1.1 m에 달하는 초식동물이다.

이 동물의 코는 네코쟁이류(Tetrarrhinida)에서와 같이 어느 정도 분화가 진행되어 있는데, 바로 이 때문에 계통분류학적인 배열에 있어 모순이 야기된다. 즉, 슈툴텐은 이들 다발털코쟁이를 네코쟁이류와 직접적인 연계선상에 배치시키며 코의 숫자보다 코의 구조에 더욱 강력한 가치산정을 하는 데 반해, 브로멍뜨는 코의 숫자에 더 월등한 계통분류학적 비중을 부여하며 코의 분화는 단순한 상사로밖에는 여기지 않는다. 뿐만 아니라 그는 여기서 프랑스 학자들(BOUFFON, IRRI-EGINGARRI 및 CHAIBLIN)의 연구를 지지하고 있는데, 이들은 네코쟁이류에서의 각개 근육다

---

[52] **ineps l.** = 지적으로 기우는, 정신 박약의
[53] **piger l.** = 게으른
[54] **ákaulos gr.** = 줄기(자루)가 없는

〈삽화 XV〉 곰다발털코쟁이

발의 신경삽입이 다발털코쟁이의 그것과는 아주 다르다는 사실을 보여주었다. 여기에서 언급된 사안은 아마도 같은코쟁이과에서의 외비근 및 비하근 계열의 세분화에 관한 것으로 보이며, 현생 같은코쟁이류에서의 해면체 없는 코들은 예전에 추측했던 것처럼 그리 아주 원시적일 것으로 여겨지진 않는다.

부횡과 가우카리-수두어(GAUKARI-SUDUR)는 여섯코쟁이류가 네코쟁이와 흡사한 공동의 조상을 가졌을 것으로 추정했는데, 바로 이들 조상으로부터 현생의 같은코쟁이과가 또 다른 한편으론 다른코쟁이과로 각각 발달했을 것으로 여겼었다. 같은코쟁이들은 그들의 쌍으로 형성된 다리와 연관하여 매우 원시적인 특성들을 보여주는 데 반해, 다른코쟁이들의 다리는 매우 특이하게도 즉각적으로 심하게 퇴화됐다는 사실은 여기서도 물론 독특한 점으로 남는다. 더욱이 여러코쟁이류 특유의 가느다란 털의 윤생(輪生)이 같은코쟁이들에게서는 나타나지 않는다는 사실은 주목할 만하다. 이들 특징에 대한 과대평가에 반하여 브로멍뜨는 비록 원시적인 뛰엄코쟁이류에서는 매우 뚜렷이 존재하는 이 털 방향의 역전현상이 어찌된 일인지 분명 파생된 무리인 양귀비코쟁이에서는 찾아볼 수 없다는 사실을 부각시켰다. 어쨌든 다발털코쟁이의 입지에 관한 문제는 우선은 향후 상세한 연구결과들이 제시될 때까지는 아직 논란의 여지를 남겨두어야 한다.

다발털코쟁이들은 나이 든 수컷이 이끄는 작은 무리를 지어 살아간다. 이 동물은 거의 주로 엉거시과 식물인 *Mammontopsisitos dauci-radix*[55]를 먹고 사는데, 두 개의 움켜쥐는 코를 이용해 뿌리까지 통째로 뽑아내 잘라버린다. 치열은 코걸음쟁이 가운데 — 빨대주둥이뛰엄코쟁이(*Mercatorrhinus*)속의 치아상실을 제외한다면 — 가장 특수화된 것이다. 앞니는 퇴화됐고, 송곳니는 작고 뭉툭하며, 작은어금니와 큰어금니는 넓적하고 석고 모양이다.

다발털코쟁이들은 새끼에게 젖을 먹이는데, 그 새끼들은 코를 이용하여 어미의 두터운 털가죽 안에 꼭 붙어서는 사타구니 사이에 나 있는 젖꼭지에 매달려 있다. 이 동물들의 번식률은 매우 낮으나, 오래 사는 것으로 보인다. 늙은 수컷은 일정하게 초콜릿갈색의 털을 가진 어린 것들이나 암컷들과는 달리 은회색빛의 긴 꼬리를 가진 것이 특징인데, 그 꼬리를 흔듦으로써 무리의 추종연계반응을 유발한다. 예를 들어, 캄포타씨(TASSINO DI CAMPOTASSI)는 어린 암컷의 꼬리를 밝게 물들여 무리에 합류시켜 그 무리가 뒤를 따르도록 유도할 수 있었다. 밝게 물들인 긴 꼬리는 특히 어린 수컷들에게는 탁월한 추종반응–유발인자로서 효력을 나타냈다.

지: Dolichoproata (긴주둥이코쟁이류)
과: Rhinochilopidae (유사갈퀴코쟁이과)
속: Rhinochilopus[56] (갈퀴코쟁이)
2종

큰갈퀴코쟁이(*Rhinochilopus ingens*)[57]와 풍금갈퀴코쟁이(*Rh. musicus*), 두 종으로 구성된 갈퀴코쟁이속은 가장 강력하게 각인된 다비열현상을 보여준다. 머리는 두 종 모두에서 길쭉한 전총[87] 또는 주둥이(Rostrum)로 죽 늘어져 있다. 이 구조는 아래쪽은 턱뼈, 앞니뼈 및 입천장이,

---

55 **sitos gr.** = 음식
   dauci-radix l. = 당근뿌리의
56 **chilo-pūs gr.** = 지네(Tausendfüßer, Myriapoda)
57 **ingens l.** = 엄청 큰

87 **전총, ~홈**(= 주둥이홈) : *cf.* 구강열선(口腔裂線)

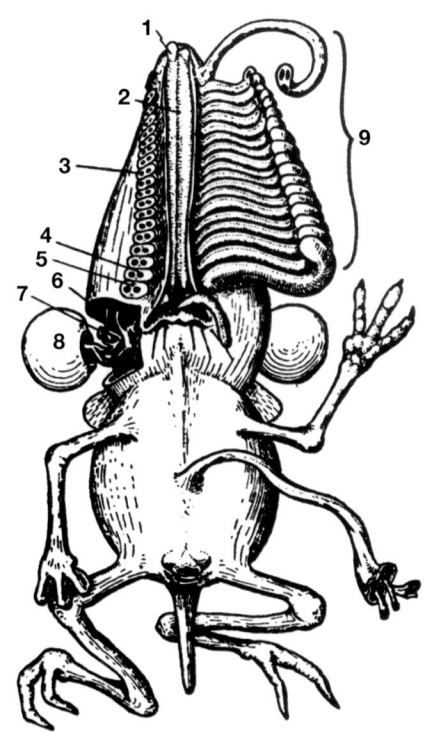

〈그림 12〉 풍금갈퀴코쟁이의 후기 배아
1. 앞니의 원기(수컷에만) **2.** 주둥이아래홈(前總下溝) **3.** 잘려진 낱코에 드러난 Ductulus musicus 3과 마찬가지로 **4.** 3과 마찬가지로 Ductulus osmaticus **5.** 낱코의 해면체 **6.** Ductus musicus **7.** 누관 **8.** Vesica inflatrix organi **9.** 낱코들. 중앙선에 더욱 가까이 위치한 Ductus osmaticus는 표시하지 않았다. 배아에서 이미 분명하게 다르게 생긴 초기 낱코의 형태가 관찰된다('BOUFFON u. GAUKARI-SUDUR 1952'에 따름).

위쪽은 턱뼈, 앞니뼈 및 코뼈의 일부와 함께 낱코뼈가 받치고 있다. 아래쪽(그림 12)에는 소위 주둥이홈(煎總)**2**으로 불리는 구강틈새의 연장부가 자리 잡고 있음을 보여주는데, 이것의 가장자리는 입술(口脣)로 둘려져 있다. 수컷에는 전총의 전방 말단에 좌우 비대칭인 2개의 앞니가 나 있다.

주둥이홈의 좌우로 19쌍의 코들이 늘어서 있는데, 이를 여기선 낱코라고 명명한다(**3, 9**). 첫 번째 쌍은 촉수로서, 나머지는 이동기관으로서 작용한다(나자리움의 상세한 구조에 관하여는 다음의 내용을 참조하시오!). 쌍으로 구성된 다리들은 심하게 퇴화되었다. 뒷다리는 후진할 때 오로지 촉각으로서의 역할만을 한다. 앞다리는 땅을 딛지도 않고 먹이사냥에도 아무런 역할을 하지 않는다. 암컷은 이 앞다리를 각각 새끼 한 마리씩을 붙드는 데 사용한다. 꼬리 역시도 단순한 감각기관이다. 이 동물들은 엄청난 크기로 자란다(전충으로부터 꼬리기저면까지의 길이가 풍금갈퀴코쟁이는 1.5 m, 큰갈퀴코쟁이는 2.2 m에 달한다). 이들은 잡식성이지만 그래도 곤충, 달팽이 및 버섯류 등을 선호하며, 그 밖에 장과류 열매와 가끔씩 어린 나뭇잎을 먹기도 한다. 단독생활자인 갈퀴코쟁이는 느리적거리는 걸음걸이로 밀림 가운데 주로 손쉽게 다닐 수 있는 장소나 숲의 가장자리를 두루 돌아다니며 그곳에서 확실한 휴식도 취하고 친숙한 오솔길도 마련해둔다. 그렇긴 하지만 이 동물들은 정해진 영역을 갖지 않으며 같은 종의 코쟁이들이 만들어놓은 길을 아무런 다툼 없이 공동으로 사용한다.

　이들 두 종, 특히 풍금갈퀴코쟁이에서 가장 주목할 만한 특이한 점은 구애행동 및 그와 연계된 나자리움의 특수화를 들 수 있는데, 간략히 설명하면 다음과 같다. 대부분의 코걸음쟁이들처럼 갈퀴코쟁이 역시 콧구멍을 이용하지 않고, 결국은 거의 모든 종들에서처럼 현저하게 확장되어 있는 누관을 통해 주로 호흡한다(그림 4). 이 누관(그림 12의 **7**)은 입천장 공간과 직접 연결되며, 이곳으로부터 전충 방향으로 역시 통로인 Ductus osmaticus가 뻗어 있고, 그곳에서 낱코들로 Ductuli osmatici **4**가 이어지게 된다. 다른 한편으로, 누관은 또한 Ductus inflatorius를 통해 Vesica inflatrix organi **8**와 연결되어 있는데, Vesica inflatrix organi 측면에서 보면 이는 다시 Ductus vesico-gularis를 통해 입천장과 통해 있다. 누관과 Vesica inflatrix organi 및 낱코들 간의 2차적인 연결통로**6**인 Ductus musicus는 낱코들의 내부에서 Ductuli osmatici 옆에 위치해 있는 Ductuli musici를 물리적으로 받쳐줄 뿐만 아니라 기능적으로 지원한다. Vesica inflatrix organi는 볼가죽 밑에 잠잠하게 있다가 코의 기관이 활동을 개시하면 어린아이 머리 정도의 크기만큼 부풀려진다.

이들 기관은 통째로, 초기 배아에서 확인 가능하듯, 누관과 코의 말단 깔때기 모양 부위의 분화를 보여주는 것이다. 부가적 조직인 이 소리기관은 낱코의 환형근 및 종주근뿐 아니라 낱코들 5의 해면체 역시 함께 아우르고 있다.

이들 전체 기관은 다음과 같은 순서에 따라 작동된다. 뛸 때는 Ductus musici와 Ductuli musici가 닫혀 해면체 옆에 있는 낱코들에게 필요한 팽압을 불어넣어 줌으로써, 환형근과 종주근을 이용해 충분히 낱코들을 움직일 수 있게 된다. 숨을 들이쉼에 따라 공기는 Ductuli osmatici를 통해 밀려들어 간다. 공기는 그렇게 달리는 동안 후각을 이용해 탐색된다. 특히 촉수로 작용하는 첫 번째 낱코쌍은 냄새를 감지하는 역할을 한다. 각기 다양한 냄새를 탐색하는 동작은 전총에 있는 후각신경이 세분화되어 각각의 낱코쌍이 특성화된 후각표피를 갖춤에 따라 가능해진다.

먹이섭취는 낱코들을 통해 이루어지는데, 그 낱코 끝에 손가락모양으로 늘어져 달린 돌기로 먹이를 움켜잡거나, 낱코 전체길이의 대략 1/3 정도를 통째로 사용하여 먹이를 휘감아 전총홈으로 가져간 다음, 전총홈으로부터 길게 돌출된 입술을 이용해 먹이를 입쪽으로 밀어넣는다. 나자리움의 소리 내는 기관은 구애를 할 때만 작동된다. 이때 수컷들은 바닥에 납작 엎드린다. Ductuli osmaticis는 해면체와 마찬가지로 작동을 멈춘다. 낱코들의 근육은 처음엔 완전히 느슨해져 있다. Ductuli musici의 Sphincteres terminales만이 약간 수축할 뿐이다. 각 Ductulus musicus 근저마다에 위치하고 있는 Sphincteres glossiformes는 늘어져 있다.

이 동물이 격렬하게 지속적으로 호흡을 하여 Vesicae inflatores organi를 부풀리게 되면, 이를 통해서 Ductus musici에도 압력이 가해진다. Sphincteres glossiformes들이 약간 열려야 낱코들이 부풀려지는데, 그 순간에 환형근은 완전히 늘어지게 되고 종주근이 낱코를 어느 정도 꽤나 길게 늘어지게끔 만들어준다. 이때 갑자기 Sphincteres glossiformis가 강하게 열리면, 이를 통해 느닷없이 해당 낱코로 공기가 밀려 들어가 Sphincter에 달린 입술을 떨게 함으로써 낱코가 소리를 내게끔 만든다. 소리의 깊이는 낱코의 길이와 형태에 따라 정해진다. 각각의 낱코는 빠른 순서로 늘어났다 줄어들었다 할 수 있기 때문에 길게 늘여 끌리는 소리는 낼 수 없으며, 단지 짧은 소리를 연속적으로 내는 특성을 가진 나팔원리에 따라 관악기처럼 작동된다. 이 동물은 그 같은 방식으로 작동하는 18쌍의 낱코(첫 번째 쌍에는 Sphincter glossiformis가 없다.)[58]를 가지고 확실히 서로 독립적으로 연주 가능한 36가지의 관악기로 구성된 관현악단을 다루듯 마음대로 유용하고 있는 것이다. 낱코들이 구애를 할 때 어떻게 작동하는지를, 스캠트비스트는 다음과 같이 명료하게 기술했다.

"당시의 후아카–핫치 부족은 대강 밤과 낮의 길이가 같은 춘분에 호나타타 향연을 즐기곤 했는데, 이 축제 때는 마을회관에 모여 예악(禮樂)에 맞추어 훈제한 호나타타를 즐겨 먹곤 했다. 땅거미가 내려앉기 시작한 저녁 무렵의 이 식사의식은 두 시간 이상 지속되지는 않았다. 그러고 나서 마을공동체는 길을 나서서 그리 멀지 않은 숲의 초원으로 이동해서는 그 초원의 서편 가장자리에 모두들 자리를 잡고 앉았다.

---

[58] Sphincter glossiformis는 단순한 환형근이 아니다. 전체적인 폐색기작은 전체규모의 3/4을 차지하는 본래의 Sphincter와 나머지 1/4을 차지하는 실팍한 결체조직받침이 함께 동원된다. 이 결체조직받침에는 V자 모양으로 형성된 한 쌍의 두드러진 부위가 자리 잡고 있는데 이는 소리를 내는 입술로 작동한다. 이 발성기관은 논리적으론 "Narynx"로 표기했어야 하는데, 이는 Narynx가 후두(後頭, Larynx)이나 유스타키오관(耳管, Syrinx)에 비교될 만한 상사현상을 보여주고 있기 때문이다.

모스타다 닷사비마(Móstada Dátsawima, 지네의 제왕)들이 숲의 어둠으로부터 나타나 초지 위에 그 모습을 드러낼 즈음, 보름달은 이미 건너편 산의 나무 꼭대기에 걸려 있었다. 이 커다란 동물들은 마치도 뗏목이 떠가듯 소리 없이 움직였다. 희미한 달빛 아래서는 다리, 아니 코들은 또렷이 보이지 않았다. 단지 긴 머리와 등줄기의 광채만을 알아볼 수 있을 뿐이었다. 어림잡아 14~16마리 정도인 이들은 우선 일렬종대로 두어 바퀴의 원을 그리며 돌고난 다음, 유난히 커다란 6마리의 수컷이 드러누워 모두 코들을 뻗어내는데, 그동안 암컷들은 여전히 그들 주위를 원을 그리며 돌고 있었다.

그리고는 여태껏 들어보지 못한 가장 독특한 연주가 시작되었다. 연주는 그 동물들 중 한 마리의 둔탁하고도 리듬 있는 울음소리로 시작됐다. 처음엔 느렸지만 점점 빨라졌다. 곧 이어서 몇 음절 높은 울음소리를 내며 다음 동물이 등장했고, 그리고는 마침내 여섯 마리 모두가 이에 가담했다. 리듬은 변화무쌍했고 모든 동물이 철저하게 동시에 함께 연주를 하는데, 이때 전체는 점점 더 여러 가지 목소리로 뒤섞였다. 갑작스레 정적이 흐르고, 곧바로 예리하게 떨리는 트레몰로가 이어진다. 이는 리듬감이 동반된 반쯤 두드리는 듯한 울음소리처럼 혹은 도드락거리는 둔탁한 불림 위에, 일부는 둔탁한 반주와 동시에, 또 다른 일부는 자체로 온전히 리듬에 젖어 여러 가지 소리로 급박하게 겹쳐진다. 이것이 두 번째 단계였다.

마침내 이 대목에서 위의 역할을 맡았던 수컷의 독주가 고조되어, 떨리는 스타카토 경과구들 외에도 매끄럽고 기름진 소리들이 등장하여 함께 뒤섞였다. 독주를 맡았던 이 동물은 눈에 잘 띄는 그 코들을 옆으로 뻗어내어 부풀렸다가, 짧게 오므렸다가 다시 길게 늘이곤 하는 행동 등에 의해 식별됐다. 갑자기 다시 적막이 흘렀고, 그런 다음 두 번째 수컷이 독주에 목청을 돋울 때까지, 전체합주의 둔탁한 배경음악이 다시금 등장했다. 이 연주가 진행되는 동안 마지막 수컷이 그의 독주부분을 마칠 때까지 암컷들은 연주하는 수컷들 주위를 일정하고도 느린 속도로 맴돌았다. 그런 다음 수컷들이 일어서고 이 모든 도깨비놀음은 처음 왔을 때처럼 천천히 어두운 숲으로 사라져갔다.

마을주민들은 일어서서 모스타다 닷사비마들이 사라져간 곳을 향해 깊이 허리 굽혀 절을 하고는, 다시 한 번 보름달을 향해 큰 절을 했다. 그리고 마을로 돌아와서는 밤늦게까지 춤추기 위해 피리를 불고 북을 두드리며 이전에 들었던 음악의 빛바랜 여운을 남기며……."

유감스럽게도 이들 코쟁이들에 관한 상세한 연구는 이제는 더 이상 불가능해지고 말았는데, 이는 후아카−핫치 부족과 마찬가지로 그들 역시 곧이어 스캠트비스트가 옮긴 코감기의 희생양이 되어버렸기 때문이다.

그 와중에도 스캠트비스트는 수컷들 중 한 마리를 잡아 길들이기에 성공했었다. 후에 확인된 그 수컷의 뇌중량을 바탕으로 추정하건데, 이 동물은 매우 지능적이었던 것으로 보인다. 이 동물은 빨리 길들여졌고, 스캠트비스트는 심지어 자신이 암기하고 있던 바하의 오르간 후가 2곡을 이 동물에게 가르쳤으며, 이 동물은 그 곡들을 실수 없이 연주해 내기까지 했었다. 단지 길게 늘여 뽑는 소리를 낼 수 없었던 탓에 어려움은 있었지만, 이런 경우 이 동물은 같은 음높이로 조율된 네 개의 낱코를 이용하여 매우 빠른 떨림음을 사용함으로써 그 어려움을 스스로 극복해냈다.

작품후기

하랄트 슈튐프케의 원고가 출판을 기다리고 있을 즈음, 심지어 언론사들조차 아무런 정보도 접할 수 없었던 시절, 원자폭탄 실험이 비밀리에 진행되고 있었다. 이 실험 도중 부하의 실수로 인해 하이아이아이 군도가 통째로 파괴되었다는 사실이 뒤늦게 알려지게 된다. 당시의 폭발이 군도로부터 200 km나 떨어진 장소에서 유도됐음에도 불구하고, 전혀 예상치 못했던 지각장력(地殼張力)이 발생함에 따라 군도 전체가 평균해수면 밑으로 가라앉고 말았다.

이 문제의 시점에 마이루빌리 섬에서는 군도 연구를 위한 국제학술위원회가 주최한 회의가 개최 중이었으며, 이 작품에서 언급된 많은 학자들이 이 위원회에 소속되어 있었다. 이 섬의 아름다운 동측 만에 위치해 있던 하이아이아이 다윈 연구소(Hi-Iay Darwin Institute)는 결국 그들과 함께 바닷속으로 가라앉고 말았는데, 그 연구소에는 그 무엇으로도 대체할 수 없는 귀중한 사진자료와 관찰 및 연구보고서들이 소장되어 있었으며, 이들 자료는 군도의 지질학적, 동·식물학적 및 민속학적 특성 등 군도 자체에 관한 방대한 저술의 바탕자료로 쓰일 수 있는 것들이었다.

 우연스럽게도 슈튐프케가 그의 마지막 여행 직전에 코걸음쟁이류의 형태와 생활상에 관한 간략한 소개내용을 집필한 것은 그 자체로 행운이었다. 그는 내게 삽화 제작을 위해 몇 가지 자료를 넘겨줬었는데, 애석하게도 그 자료들은 하이아이아이에 관한 연계된 저술을 위해 그가 다시 가져가고 말았다. 어찌 되었건, 절제를 행했던 학자로서 인정받아 마땅한 이 탐구자의 생의 작업 가운데 적어도 일부는 학계나 폭넓은 일반대중에게 그 나름대로 온전하게 마무리된 정리본 형태로 남겨지게 됐고, 이로써 이제는 바닷속으로 사라져 버리고만 세계에 대한 정보나마 보전될 가능성 정도는 존재한다 할 수 있지 않겠는가.

1957년 10월 하이델베르크에서,
게롤프 슈타이너

참고문헌

ASTEIDES, S. (1954): Le nez d'Orchidiopsis, son anatomie, son développement. C. r. Soc. biol. Rh. **516**; 28.

BEILIG, W. (1954): Ein vanadiumhaltiger Eiweißsymplex aus den nasalen Fangfäden on Emunctator. S. H. Z. physiol. Chem. **884**; 55.

BITBRAIN, J. D. (1946): Anatomical and histological study of the nose of a Rhinogradent, Rhinolimacius. J. gen. Anat. **509**; 18.

— (1950): The Rhinogradents. Univ. Press S. Angrews.

BLEEDKOOP, Fr. (1945): Das Nasobemproblem. Z. v. Lit. **34**; 205.

BÖKER, H. (1935 u. 1937): Einführung in die vergleichende Anatomie der Wirbeltiere. Fischer, Jena.

BOUFFON, L. (1953): A propos du Système nutritif des Rhinogradents. Bull. Darwin Inst. Hi. **7**; Suppl. 2.

— (1954): A propos du groupe polyphylétique des Rhinocolumnides. Bull. Darwin Inst. Hi. **8**; 12.

BOUFFON, L., u. GAUKARI-SUDUR, O. (1952): L'anatomie comparée des Polyrrhines. Bull. Darwin Inst. Hi. **6**; 33.

BOUFFON, L., IRRI-EGINGARRI, J., u. CHAIBLIN, Fr. (1953): A propos de l'innervation du nasoire des Polyrrhines. C. r. Soc. Biol. Rh. **515**; 24.

BOUFFON, L., u. LO-IBILATZE-SUDUR, Ch. (1954): Comment Orchidiopsis attire-t-elle sa proie? La nature (P) **77**; 311.

BOUFFON, L., u. SCHPRIMARSCH, J. (1950): Concernant la question de la descendance du genus endémique Hypsiboas. Bull. Darwin Inst. Hi. **4**; 441.

BOUFFON, L., u. ZAPARTEGINGARRI, V. (1953): Sur l'embryologie des Orchidiopsides. Bull. Darw. Inst. Hi. **7**; 16.

BROMEANTE DE BURLAS Y TONTERIAS, J. (1948): A systemática dos Rhinogradentes. Bull. Darwin Inst. Hi. **2**; 45.

— (1948a): Systematic studies on the new Order of the Rhinogradents. Am Nat. F. **374**; 1498.

— (1949): Os Polyrrhines e a derivaçâo d'elles. Boll. Braz. Rhin. **1**; 77.

— (1950): A derivaçâo e a árvore genealógica dos Rhinogradentes. Boll. Braz. Rhin. **2**; 1203.

— (1951): The Rhinogradents. Bull. Darwin Inst. Hi. **5**; Suppl.

— (1952): The Hypogeonasidae. Bull. Darwin Inst. Hi. **6**; 120.

— (1954): The hides of Rhinogradents and their grain. Nature (Danuddlesborough) **92**; 2.

BROWN, A. B., u. BITBRAIN, J. D. (1948): A simple electronically controlled substitute for feeding Mercatorrhinus. J. psych. a. neur. contr. **181**; 23.

BUCHNER, P. (1953): Endosymbiose der Tiere mit pflanzlichen Mikroorganismen. Birkhäuser, Basel.

COMBINATORE, M.(1943): Un pezzo di legno appuntato, trovato sulla spiaggia di Owsuddowsa. Lav. preist. (Milano) **74**; 19.

D'Epp, Fr. (1944): La descendance des Polyrrhines. C. r. Soc. biol. Rh. **506**; 403.

DEUTERICH, T. (1944): Ein hölzerner Suppenlöffel von Haidadaifi. Z. f. v. Prähist. **22**; 199.
— (1944a): Grundsätzliches über die Eßbestecke der Huacha-Hatschi, eines ausgestorbenen polynesisch-bajuwarischen Mischvolkes, ibid. **24**; 312.
FREDDURISTA, P., u. PERISCHERZI, N. (1948): Il cambiamento di colore fisiologico nei mammiferi, specialemente nei generi Hexanthus e Cephalanthus (Polyrrhina, Rhinogradentia) Arch. di fisiol. comp. ed. irr. **34**; 222.
GAUKARI-SUDUR, O., BOUFFON, L., u. PAIGNIOPOULOS, A. (1950): L'anatomie comparée des Sclérorrhines. C. r. Soc. Biol. Rh. **512**; 39.
GRUHLE, H. (1947): Ursache, Grund, Motiv, Auslösung. Festschr. f. KURT SCHNEIDER, Heidelberg, Scherer.
HARROKERRIA, J., u. IRRI-EGINGARRI, J. (1949): Note sur la biologie d'Otopteryx volitans. C. r. Soc. Biol Rh. **511**; 56.
HYDERITSCH, Fr. (1948): The slug which was a mammal. Sci a. med. cinemat. Cie, Black Goats.
IZECHA, F. (1949): La primitividad de la cola de los Rhinogradentes. Boll. Arg. Rhin. **2**; 66.
JERKER, A. W., u. CELIAZZINI, S. (1953): The ancestors of the Hypogeonasidae, were they Emunctators? Evolution (Littletown) **51**; 284.
JESTER, M. O., u. ASSFUGL, S. P. (1949): The genus Dulcicauda and the problem of «Rassenkreis». Bull. Darwin Inst. Hi. **3**; 211.
LUDWIG, W. (1932): Das Rechts-Links-Problem im Tierreich und beim Menschen. Berlin.
— (1954): Die Selektionstheorie. In: Die Evolution der Organismen. Hrsgeg. v. G. HEBERER. Fischer, Stuttgart.
MAYER-MEIER, R. (1949): Les «Triclades» de MUELLER-GIRMADINGEN, sont ils des mammifères? Bull. biol. mar. St. V. H. **17**; 1.
MORGENSTERN, Chr. (1905): Galgenlieder B. Cassirer – Berlin.
MÜLLER-GIRMADINGEN, P. (1948): Les triclades des sables du Wisi-Wisi. Acta Helvetica Nas. Ser. B. **15**; 210.
NAQUEDAI, Br. B. (1948): Georrhinida et Hypogeonasida, deux subtribes parentés. C. r. Soc. biol. Rh. **510**; 64.
PETTERSSON-SKÄMTKVIST, E. (1943): The discovery of the Hi-Iay-Archipelago. J. A. geogr. **322**; 187.
— (1946): Aventyrer på Haiaiai-öerna. Nyströms Förlag och Bokhandel, Lilleby.
PUSDIVA, Fr. (1953): Über die Schleimdrüsen und die proteolytischen Prozesse in der Sellarscheibe von Dulcicauda griseaurella. S. H. Z. physiol. Chemie **822**; 1443.
REMANE, A. (1954): Die Geschichte der Tiere. In: Die Evolution der Organismen, hrsgeg. v. G. HEBERER. Fischer, Stuttgart.
RENSCH, B. (1947): Neuere Probleme der Abstammungslehre. Stuttgart.
SCHUTLIWITZKIJ, I. I. (1947): Hat Morgenstern die Rhinogradentier gekannt? (Russisch mit dtsch. Zusammenfassung.) Lit. prom. N. S. **27**; 81.
SHIRIN TAFARUJ (1954): A propos du chimisme du suc attractif des Nasolimacides. J. physiol. irr. **11**; 74.
SPASMAN, O., u. STULTÉN, D. (1947): Rhinogradenternas systemet. Acta Scand. Rhin. **4**; 1.
SPUTALAVE, E. (1946): Le sabbie miliolidiche del orizzonte D 16 superiore dell'isola Miruveely. G. geogr. fredd. Ital. **199**; 12.

STULTÉN, D. (1949): The descendency of the Polyrrhines. Bull. Darwin Inst. Hi. **3**; 31.
— (1950): The anatomy of the nasarium of Hopsorrhinus. Bull. Darwin Inst.Hi. **4**; 511.
— (1955): The evolution of turbellarians, a review of new aspects. Piltdown Univ. press.
STÜMPKE, H. (1956): Das Nasarium der Polyrrhinen, eine Zusammenfassung der bisherigen Ergebnisse, unter besonderer Berücksichtigung der neueren Untersuchungen über die Innervierung. Zool. Jahrb. Abt. XXXI, **43**; 497.
TASSINO DI CAMPOTASSI, I. (1955): Un «releaser» sopranormale in Mammontops. G. psicol. comp. e com. **2**; 714.
TRUFAGURA, A. (1948): La cola de los Rhinogradentes. Boll. Arg. Rhin. **1**; 1.

부록 **코걸음쟁이**의 계통 분류 체계

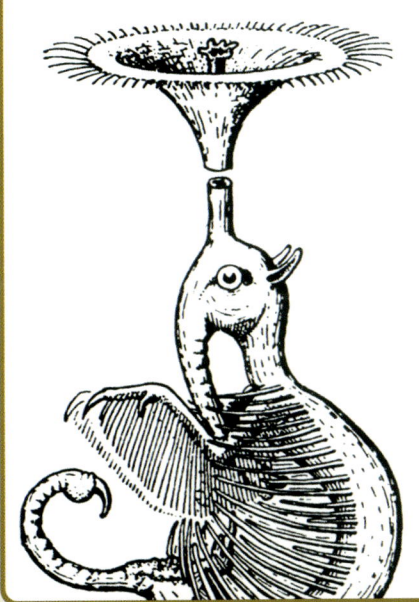

Systematik der Rhinogradentia, 코걸음쟁이의 계통 분류 체계

Unterord.	Sectio(節)	Tribus	Subtrib.	Familie	Gattung

Monorrhina (單鼻類, 외코쟁이, Einnasen-Naslinge)
  Pedestria (발걸음코쟁이절, zu Fuß Gehende)
    Archirrhiniformes (일반원시코쟁이류, Urnaslinge-Artige)
      Archirrhinidae (원시코쟁이과, Urnaslinge)
        Archirrhinos (원시코쟁이, Urnasling)
  Nasestria (코걸음쟁이절, zu Nase Gehende)
    Asclerorrhina (물렁코쟁이류, Weichnasen)
      Epigeonasida (느림보코쟁이류, Wandelnasen)
        Nasolimacidae (달팽이코쟁이과, Schneckennasen)
          Nasolimaceus (코흘리개코쟁이, Schleimnase)
          Rhinolimaceus (사탕새앙쥐코쟁이, Zuckermäuse)
        Rhinocolumnidae (기둥코쟁이과, Säulennaslinge)
          Emunctator (홀쩍이코쟁이, Sniefling)
          Dulcicauda (꿀꼬랑지, Honigschwanz)
          Dulcidauca (사탕꼬랑지, Zuckerschwanz)
          Columnifax (기둥코쟁이, Säulennase)
      Hypogeonasida (진흙코쟁이류, Schlicknasen)
        Rhinosiphonidae (주둥이코쟁이과, Rüsselnasen)
          Rhinotaenia (띠코쟁이, Bandnasling)
          Rhinosiphonia (주둥이코쟁이, Rüsselnasling)
        Rhinostentoridae (나팔코쟁이과, Trompetennasen)
          Rhinostentor (나팔코쟁이, Trompetennäschen)
      Georrhinida (땅코쟁이류, Erdnaslinge)
        Rhinotalpidae (유사두더지코쟁이과, Nasenmullähnliche)
          Rhinotalpa (두더지코쟁이, Nasenmull)
          Enterorrhinus (장코쟁이, Darmnase)
        Holorrhinidae (통코쟁이과, Nur-Nasen)
          Holorrhinus (온코쟁이, Ganz-Nase)
          Remanonasus (난장이코쟁이, Zwerg-Nase)
    Sclerorrhina (다리코쟁이류, Nasenbeinlinge)
      Hopsorrhinida (뛰엄코쟁이류, Nasenhopfe s. l., 광의의 뛰엄코쟁이)
        Amphihopsidae (나무코뛰엄이과 또는 양방뛰엄코쟁이과,
                Vornewiehintenhopfe od. Baumnasenhopfe; cf.
                Perihopsidae)
          Phyllohoppla (나뭇잎뛰엄이, Blatthopf)
        Hopsorrhinidae (뛰엄이과, Nasenhopfe s. str., 협의의 뛰엄코쟁이)
          Hopsorrhinus (이빨뛰엄이, bezahnte Nasenhopfe)
          Mercatorrhinus (빨대주둥이뛰엄코쟁이, Saugmund-Nasenhopfe)
          Otopteryx (날귀코쟁이, Flugohr)
        Orchidiopsidae (유사양귀비코쟁이과, Orchidiennasling-Ähnliche)
          Orchidiopsis (양귀비코쟁이, Orchidiennasling)
          Liliopsis (백합코쟁이, Liliennasling)

Unterord.	Phalanx(指)	Tribus	Familie	Gattung

Polyrrhina (多鼻類, 여러코쟁이, Vielnasen-Naslinge)
    Brachyproata (짧은주둥이코쟁이류, Kurzschnauzennaslinge)
        Tetrarrhinida (네코쟁이류, Viernasen-Artige)
            Nasobemidae (나조벰과, Nasobem-Artige)
                Nasobema (나조벰, Nasobem)
                Stella (작은나조벰, Klein-Nasobem)
            Tyrannonasidae (티라노쟁이과, Raubnasen)
                Tyrannonasus (티라노쟁이, Raubnase)
        Hexarrhinida (여섯코쟁이류, Sechsnasenartige)
            Isorrhinidae (같은코쟁이과, 等鼻類, Gleichnasen)
                Eledonopsis (문어발띠코쟁이, Förderbandnasling)
                Hexanthus (여섯꽃잎코쟁이, Sechsblütennase)
                Cephalanthus (꽃머리잔코쟁이, Nasenblümchen)
            Anisorrhinidae (다른코쟁이과, 異鼻類, Ungleichnasen)
                Mammontops (다발털코쟁이, Zottelnase)
    Dolichoproata (긴주둥이코쟁이류, Langschnauzennaslinge)
            Rhinochilopidae (유사갈퀴코쟁이과, Tatzelnasenähnliche)
                Rhinochilopus (갈퀴코쟁이, Tatzelnase)

            cf.： Ranunculonasus (= Hexanthus, 미나리아재비꽃코쟁이)
                  Corbulonasus STU. (= Cephalantus, 꽃머리잔코쟁이)
                  Nasling, -e：코쟁이, −류

인명 및 지명 목록

원어명		국어표기	인용 쪽
Albrecht Jens Miespott	인물	알프레히트 옌스 미스포트	16
Alexandria	지역	알렉산드리아(이집트의 古都)	41
Ankel	인물	앙켈	76
Assfugl S. P.	인물	아스후글	22
Asteiides	인물	아스타이데	76
Ausadausa (=Owsuddowsa)	지역	아우자다우자(옵수다우자) 섬	29
Beilig	인물	바이리히	43
Bitbrain	인물	비트브레인	32, 68
Bleedkoop	인물	블레드쿠프	15, 16, 17
Böker	인물	뵈커	45
Bouffon	인물	부횽	23, 37, 75, 76, 81, 89, 90, 91, 104
Bromeante de Burlas	인물	브로멍뜨 드 뷔울라	18
Buchner	인물	부흐너	78
Celiazzini	인물	셀리아찌니	43
Chaiblin	인물	채블린	102
Christian Morgenstern	인물	크리스티안 모르겐슈테른	7, 14, 15
D'Epp	인물	데프	80
Einar Pettersson-Skämtvist	인물	아이나 페터손 스캠트비스트	11
F. Hyderitsch	인물	하이더릿취	34
Fadelacha	지역	화델라차	34, 35
Freddurista	인물	프레두리스타	95
Fritsch's	동물	후릿취 → 후릿취소리관새	48
Gaukari-Sudur	인물	가우카리-수두어	104
Gerolf Steiner	인물	게롤프 슈타이너	6
Harald Stümpke	인물	하랄트 슈튐프케	8, 112
Harrokeria	인물	하로케리아	75
Heberer	인물	헤버러	86
Heidadaifi	지역	하이다다이피 섬	31, 37
Heieiei (=Hi-Iay)	지역	하이아이아이 군도	12, 13, 24, 112
Hi-Iay Darwin Institute	기관	하이-이아이 다윈 연구소	112
Hónatata	동물	호나타타	8, 15, 16, 17, 81, 109
Huacha-Hatschi	부족	후아카-핫치	14, 109, 111
Hussenstine	인물	후쎈스타인	80
Irri-Egingarri	인물	이리-에깅가리	75, 102

원어명	국어표기		인용 쪽
Isasofa (=Esussoffa)	지역	이자조파 섬	35
Izecha	인물	이체카	61
Jerker	인물	제르커	43
Jester J. O.	인물	제스터	22
Käthe Züller	인물	캐테쮤러	16
Kicherling	인물	키헐링	80
Knaddle	인물	크내들	80
Kotsobowsy	지역	콧소보우시	13
Lo-Ibilatze-Sudur	인물	로-이비라쩨-수두르	76
Ludwig W.	인물	루드비히	22, 95
Mairúvili	지역	마이루빌리 섬	21, 34, 50, 92, 112
Mayer-Meier	인물	마이어-마이어	57
Middlestead	인물	미들스테드	80
Mitadina	지역	미타디나 섬	39, 98, 102
Móstada Dátsawima	동물	모스타다 닷사비마	110, 111
Müller-Girmadingen	인물	뮐러-기르마딩엔	57
Perischerzi	인물	페리쉐르찌	95
Remane	인물	레마네	58, 80
Schaller	인물	샬러	92
Schauanunda	지역	샤우아눈다	27
Schprimarsch	인물	슈프리마르쉬	23
Schutliwitzkij I. I.	인물	슈틀리비쯔키예	16
Shanalukha	지역	샤나루카	27
Shirin Tafarruj	인물	쉬린 타파르루흐	37
Showunnoonda	지역	쇼분눈다	13
Spasman	인물	슈파스만	36
Stultén	인물	슈툴텐	26, 36, 58, 60, 63, 69, 81, 85, 102
Tassino di Campotassi	인물	캄포타씨	105
Trufagura	인물	트루화구라	61
Weiss P.	인물	바이스	80
Wisi-Wisi	지역	비시-비시 강	57
Zapartegingarri	인물	짜파르테깅가리	75

찾아보기 ● 독어 표기 ● 영어 표기 ● 학명/해부학용어 표기

갈고리원숭이류 Krallenaffen●, Simiae,
　　Primates● 90
고착비 Zygonasium● 62
광대활 Jochbogen●, Zygomatic arch● 21
광주기성 Tagesperiodismus● 96
교차 횡연합 Querkommisuren● 55
교착 ankylosis● 62, 63
균사체 Mycelia● 48
기체운동팽대부 Ampulla gasomotorica●
　　84
깔따구과 Chironomidae● 34
나비류 Schmetterlinge●, Lepidoptera● 24,
　　69
나자리움 Nasarium● 20, 21, 25, 26, 29,
　　32, 49, 58, 69, 76, 81, 100, 107,
　　108
날도래 Köcherfliege●, Trichoptera● 24
남조류 Blaualgen●, Cyanophyta● 48, 49
낱코 Nasulus, pl. Nasuli● 106, 107, 108,
　　109, 111
내비공 팽대부 Ampullae choanales● 83
넓다리뼈 Femur● 59
늪지뾰족뒤쥐 Limnogaloides● 21, 23, 25
다계통군 Polyphylum● 37
다배현상 Polyembryonie● 22, 23
다비열현상 Polyrrhinie● 18, 19, 80, 81,
　　91, 105
다비열화 Polyrrhinalisierung● 19
단비열적 holorrhin● 19
단일먹이의존형 포식동물 monophagen
　　Raubtier● 90

대롱코 Nasensipho● 46, 47
무갑아강 Anostraca● 47
무시아강 Apterygota● 49
바다제비과 Hydrobatidae● 23
박쥐목 Chiroptera● 90
번개늑대거미과 Lycosodromidae● 93
벌류 Hautflügler●, Hymenoptera● 24
벌목 Bombinae, Hymenoptera● 25
범람원 Flussauen●, floodplain● 63
부비강 Nasennebenhöhlen●,
　　paranasal sinuses● 19, 32, 50, 69, 83
비경 Nasibia● 62, 63, 75
비관 Nasalsipho● 44, 96
비관엽 Rhinalcorollarlappen● 96
비퇴 Nasur● 62, 63, 75
비폐 팽대부 Ampulla Pneumonasales● 83
빨대주둥이 Mundrüssel● 44, 45, 47, 51,
　　60, 63, 65, 66, 68, 104
삼기장목 Tricladida● 57
새각아강 Branchiopoda● 46, 47
생태적 지위 Ökologische Nische●, ecological
　　niche● 21, 44
성문 Glottis● 50, 51
소리관새속 Hypsiboas● 23
수유호르몬 Lactationshormon● 22
수피다듬이벌레 Corrodentia, Copeognatha●
　　92
신경관 Neuralrohr● 55, 57
신근 Extensor nasipodii lognus● 60, 61
아종 Rasse●, race●, subspecies● 22, 23,
　　27, 41

안면신경 N. facialis 51, 83
앞니 incisor 104, 106
야콥슨 기관 Jacobsonsche Organ, vomeronasal organ 51, 53, 93
엽각아강 Phyllopoda 47
와충강 Turbellaria 57, 58
외전근 Abduktor 69
외투막혹 Mantelgalle 45
원신관 Protonephridia 54, 55, 57
유린목 Schuppentier, Pholidota 20, 21
유사호박벌속 Pseudobombus 25, 36
유스타키오관 Eustachian tube, Syrinx 109
유태반류 Placentalia 81, 93
윤형동물 Rotatoria 또는 Rotifera 46, 47
의태 Mimese, mimicry, mimesis 79, 92, 93
자가선택영양성 idiotroph 65
자유비 Autonasium 62, 69, 72
자유비성 autonasal 62, 63
자유지 Autopodium 50, 51
전총(홈) Proa (Proalrinne) 105, 106, 107, 108
점액상 황산 Mucoitinschwefelsäure, mucoid sulphuric acid 37
점액소 mucin 43
정강뼈 Tibia 59
정소 testis 58, 59
주둥이아래홈 subproale Rinne 106
중장분비선 Mitteldarmdrüsen 55
지각류 Cladocera 46, 47
지리적 격리에 의한 자매종 vicarious species 27, 35
진주모 Perlmutter, mother-of-pearl 45
척삭 notochord 54, 55, 57

척추관절돌기 Zygapophysen 81
초호 Lagune, lagoon 44, 45
추간절 Zwischenwirbelgelenke 100, 101
치골 Pubis 62
코가락뼈 Rhinangen (=Nasanges) 62, 63, 69, 75
코다리 Nasen-Bein, Nasipodium 58, 62, 75
코비루병 Nasenräude, nasal scab 101
코의 원기 Nasenanlagen 18, 19
탈장낭 Bruchsack, hernia 45
톡토기류 Springschwänze, Collembola 48, 49, 93
편형동물 Plathelminthes 57
포식성편리공생 Raubkommensalismus 90
포유강 Mammalia 11, 17, 81
피지선 Talgdrüse 46, 47
하갑개골 Nasenmuschel, inferior nasal concha 32
하이아이땅거미과 Heieiatypidae 93
항온성 Homoiothermie 44, 45, 52
해면체 Schwellkörper 19, 32, 50, 51, 83, 104, 106, 108
호박벌 Hummel, *Bombus* 24, 25
후두 Larynx 23, 51, 109
후비관절 Deutonasalgelenk 71
후신연합 근육계 iliocaudale Muskulatur 84
후아목 Halbaffen, Prosimiae, Primates 90
흉골 Sternum 62

코걸음쟁이의
생김새와 생활상

지은이 ● 하랄트 슈튐프케
옮긴이 ● 박자양
펴낸이 ● 조승식
펴낸곳 ● (주)도서출판 북스힐
등록 ● 22-457호
주소 ● 서울시 강북구 수유2동 258-20
홈페이지 ● www.bookshill.com
E-mail ● bookswin@unitel.com
전화 ● (02)994-0071
팩스 ● (02)994-0073
인쇄 ● 2011년 1월 5일
발행 ● 2011년 1월 10일
값 ● 12,000원
ISBN ● 978-89-5526-637-5

※잘못된 책은 구입하신 서점에서 바꿔 드립니다.